AF643173

Veröffentlichungen
des Deutschen Verbandes für psychische Hygiene

Bericht über die Zweite Deutsche Tagung für psychische Hygiene in Bonn am 21. Mai 1932

mit dem Hauptthema:
Die eugenischen Aufgaben der psychischen Hygiene

Im Auftrag des Vorstandes des Deutschen Verbandes für psychische Hygiene

herausgegeben von dem Geschäftsführer

Dr. Hans Roemer
Direktor der Heilanstalt Illenau
bei Achern i. B.

Berlin und Leipzig 1932

Walter de Gruyter & Co.

vormals G. J. Göschen'sche Verlagshandlung — J. Guttentag, Verlagsbuchhandlung
Georg Reimer — Karl J. Trübner — Veit & Comp.

Archiv-Nr. 51 06 33

Druck von Walter de Gruyter & Co., Berlin W 10

Vorwort

Über die II. Deutsche Tagung für psychische Hygiene, die den eugenischen Aufgaben gewidmet war, ist in der Zeitschrift für psychische Hygiene (Bd. V, Heft 3/4) ein vorläufiger Bericht mit vorwiegend kurzen Auszügen aus den Darbietungen erschienen. Im Hinblick auf die Bedeutung des Gegenstandes hat der Vorstand des Deutschen Verbandes für psychische Hygiene die Drucklegung eines ausführlichen Tagungsberichtes mit dem Wortlaut der Referate und Vorträge für angezeigt gehalten. Dabei nimmt er an, die Veröffentlichung werde sich als brauchbares Hilfsmittel bei der praktischen Aufklärungsarbeit im Sinne der Eugenik bewähren.

Unter diesem Gesichtspunkt sind dem Tagungsbericht als Anlagen beigegeben: der Nachweis der Zeitschriften und wichtigsten Werke, die für die eugenische Volksbelehrung in Frage kommen, ferner das vom Verband herausgegebene eugenische Merkblatt und endlich die einschlägigen Entschließungen der forensisch-psychiatrischen Vereinigung zu Dresden, der Bezirkswohlfahrtsdeputation und des Verwaltungsauschusses des Bezirksjugendamtes Berlin-Friedrichshain sowie des Geschäftsausschusses des Deutschen Ärztevereinsbundes.

Möge der Bericht in der vorliegenden Form dazu beitragen, das Verständnis für die eugenischen Aufgaben der psychischen Hygiene in unserem Volke zu verbreiten!

Der Herausgeber.

Inhaltsverzeichnis.

Seite

Vorwort 3

Zur Vorgeschichte und zum Programm der Tagung 7

Bericht über den Verlauf der Tagung 10

Hauptthema: Die eugenischen Aufgaben der psychischen Hygiene 13

Referate:

Die Ergebnisse der psychiatrischen Erbbiologie für die eugenische Praxis. *Rüdin*, München 19

Die Sterilisierung aus psychiatrisch-eugenischer Indikation. *Luxenburger*, München 30

Die juristischen Gesichtspunkte für die psychiatrische Eugenik im geltenden und kommenden Recht. *Ebermayer*, Leipzig ... 44

Die psychiatrische Eheberatung. *Hübner*, Bonn 50

Vorträge:

Neue Formen des Alkoholismus und Mittel seiner Bekämpfung — im Hinblick auf die psychisch-eugenische Entwicklung des deutschen Volkes. *Gonser*, Berlin-Dahlem 73

Die Praxis der Eheberatung und Sterilisierung. *Fetscher*, Dresden 77

Die Verwirklichung eugenetischer Forderungen innerhalb der evangelischen Liebestätigkeit. *Harmsen*, Berlin 83

Sozialethische Erwägungen zur Verhütung geisteskranker Nachkommenschaft. *Mayer*, Paderborn 87

Psychiatrische Eugenik und offene Geisteskrankenfürsorge. *Faltlhauser*, Kaufbeuren 93

Über meine bisher in der Außenfürsorge nach eugenischen Gesichtspunkten vorgenommenen Nachuntersuchungen. *Koester*, Bonn 98

Krankengeschichtenmaterial und erbbiologische Forschung. *B. Schulz*, München 101

Die Eugenik im preußischen Staatsrat. *Struve*, Kiel 110

Volkstümliche Aufklärung der Jugend über Entstehung und Verhütung des angeborenen Schwachsinnes. *Meltzer*, Großhennersdorf 115

Die Aufgaben der Schule vom Standpunkt der psychischen Hygiene und Eugenik. *Wasserloos*, Essen 122

Behördliche Maßnahmen zur Erschwerung der Eugenik. *Rittershaus*, Hamburg-Friedrichsberg 127

Der natürliche Adel als Ausleseprinzip. *Sommer*, Gießen........ 132

Seite

Anlagen:

Anlage I. Nachweis der Literatur über Eugenik und eugenische Volksbelehrung. *B. Schulz*, München 134

Anlage II. Merkblatt des Deutschen Verbandes für psychische Hygiene zur Verhütung der erblichen Geistes- und Nervenkrankheiten. .. 136

Anlage III. Die Entschließung der forensisch-psychiatrischen Vereinigung zu Dresden über die Frage der Unfruchtbarmachung 138

Anlage IV. Die Entschließung der Bezirkswohlfahrtsdeputation und des Verwaltungsausschusses des Bezirksjugendamtes Berlin-Friedrichshain über die Sterilisierung Asozialer 140

Anlage V. Die Entschließung des Geschäftsausschusses des Deutschen Ärztevereinsbundes über die Aufgaben der Eugenik 141

Zur Vorgeschichte und zum Programm der Tagung.

Der Deutsche Verband für psychische Hygiene hatte die Erste Deutsche Tagung für psychische Hygiene im Jahr 1928 in Hamburg veranstaltet und hierbei eine programmatische Übersicht über seine Aufgaben gegeben, die sich in die drei Gebiete der zeitgemäßen Weiterbildung der praktischen Psychiatrie und ihrer Grenzgebiete, ferner der psychischen Prophylaxe und Hygiene im engeren Sinn sowie der psychohygienischen Aufklärung gliedern. Die II. Deutsche Tagung war von Anfang an für die Darstellung der eugenischen Aufgaben der psychischen Hygiene bestimmt. Sie sollte ursprünglich im Jahre 1930 stattfinden, mußte aber wegen der Beteiligung des Vorstandes an dem I. Internationalen Kongreß in Washington und an der Internationalen Hygieneausstellung Dresden 1930 und 1931 verschoben werden. Im Jahr 1931 erwies sich die wünschenswerte zeitliche Verbindung mit der Jahresversammlung des Deutschen Vereines für Psychiatrie, die an Ostern in Breslau stattfand, aus technischen Gründen als undurchführbar, und die hierauf beabsichtigte Abhaltung der Tagung im Sommer 1931 in Dresden wurde durch die Verschlechterung der wirtschaftlichen Verhältnisse vereitelt. Als sich der Deutsche Verein für Psychiatrie entschloß, 1932 seine Jahresversammlung an Pfingsten in Bonn abzuhalten, glaubte der Vorstand des Verbandes trotz mancher Bedenken nicht länger zögern und die schon zweimal vorbereitete Tagung im unmittelbaren Anschluß an die Jahresversammlung auf den 21. Mai festsetzen zu sollen.

Die seit lange getroffene Wahl des Hauptthemas »die eugenischen Aufgaben der psychischen Hygiene« lag außerordentlich nahe. Einerseits erschien es erforderlich, die bedeutsamen neuen Ergebnisse der psychiatrischen Erbbiologie, wie sie vor allem der Arbeit der genealogisch-demographischen Abteilung der Deutschen Forschungsanstalt für Psychiatrie in München zu verdanken sind, in den psychiatrischen, allgemein ärztlichen und weiterhin allen geistig führenden Kreisen zu verbreiten[1]). An-

[1]) Der Deutsche Verband hat die eugenischen Aufgaben von Anfang an in sein Arbeitsprogramm aufgenommen. Professor *Rüdin*, München war lediglich durch äußere Gründe verhindert, sein schon zugesagtes Referat auf der I. Deutschen Tagung für psychische Hygiene in Hamburg 1928 zu erstatten.

dererseits verlangten die Bedürfnisse der fachpsychiatrischen Eheberatung im Rahmen der immer mehr Eingang findenden allgemein ärztlichen Eheberatung spezielle Berücksichtigung. Es erschien deshalb eine ebenso zeitgemäße wie dankbare Aufgabe, durch die Tagung eine Verständigung zwischen der erbbiologischen Forschung und der eugenischen Praxis herbeizuführen. Dazu kam, daß die durch die wirtschaftliche Notlage in Fluß gekommene Erörterung über Maßnahmen zur Eindämmung der erblich bedingten Hilfsbedürftigkeit die öffentliche Meinung zurzeit lebhaft beschäftigt und in den Parlamenten Diskussionen über einschlägige gesetzgeberische Eingriffe auszulösen beginnt, so daß eine klare Stellungnahme von psychiatrischer Seite als ein Gebot der Stunde bezeichnet werden muß. Endlich rechtfertigte die günstige Aufnahme, die das eugenische Referat *Rüdin*s auf dem I. Internationalen Kongreß in Washington gefunden hat, die Erwartung, daß die Errungenschaften der deutschen psychiatrischen Erbbiologie im Rahmen der internationalen Bewegung für psychische Hygiene weiterhin verständnisvolle Beachtung erlangen werde. Diese Annahme hat sich bald dadurch bestätigt, daß *Rüdin* von der französischen Liga für psychische Hygiene zu einem Referat bei der kurz nach der II. Deutschen Tagung stattfindenden Konferenz der Vertreter der europäischen Organisationen in Paris aufgefordert worden ist. Es dürfte demnach dem Deutschen Verband die bedeutsame Aufgabe zufallen, die eugenische Prophylaxe dem Arbeitsprogramm der internationalen Bewegung als eine wesentliche Ergänzung einzufügen.

Trotz der verhältnismäßig kurzen Zeit, die für die Vorbereitung der Tagung zur Verfügung stand, haben sich allgemein anerkannte Fachmänner für die Berichterstattung in dankenswertester Weise zur Verfügung gestellt. Professor Dr. *Rüdin*, der Leiter der genealogisch-demographischen Abteilung der Deutschen Forschungsanstalt für Psychiatrie in München, hat zusammen mit Privatdozent Dr. *Luxenburger*, der gleichfalls an dieser Abteilung tätig ist, die erbbiologischen Referate, der in der Eheberatung besonders erfahrene Professor Dr. *Hübner*-Bonn das Referat über psychiatrische Eheberatung und der in medizinischen Rechtsfragen als Autorität bekannte Oberreichsanwalt i. R. Professor Dr. Dr. *Ebermayer*-Leipzig das Referat über die juristischen Gesichtspunkte für die psychiatrische Eugenik im geltenden und kommenden Recht übernommen.

Was die zur Ergänzung der Referate vorzusehenden Vorträge anlangt, so hat sich der bei der Hamburger Tagung erprobte Modus der Kurzberichte in Form der Zehn-Minuten-Vorträge voll bewährt. Da es sich bei den Tagungen des Verbandes nicht um die Erörterung spezialistischer Sonderfragen, sondern um die Zusammenfassung der wesentlichsten Forschungsergebnisse zwecks Umsetzung in die Praxis handelt, konnte das Programm nicht dem Zufall der Vortragsmeldungen überlassen, sondern mußte zur Erziehung einer einheitlichen Wirkung durch die Beiziehung bestimmter Vortragender nach einer klaren Linie ausgestaltet werden. Erfreulicherweise waren fast alle aufgeforderten Herren in der Lage, der Einladung zur Mitwirkung zu folgen, und erklärten sich auch mit der Beschränkung der Redezeit einverstanden. Mag den Vortragenden hierdurch auch eine gewisse Entsagung zugemutet worden sein, so war doch der geschlossene Verlauf der Tagung, der ja wiederum jedem Redner zugute gekommen ist, bei dem ausgedehnten Umfange des Stoffes nur durch eine solche weitgehende Einteilung der zur Verfügung stehenden Zeit zu erzielen.

Die Auswertung der erbbiologischen Forschungsergebnisse für das praktische Leben kann unmöglich von den Ärzten oder gar den Psychiatern allein geleistet werden; sie bedürfen hierbei der Unterstützung der geistig führenden Kreise, denen die Leitung und Belehrung der Bevölkerung durch ihren Beruf obliegt. Dementsprechend richtete der Vorstand des Verbandes an Vertreter der beiden christlichen Kirchen sowie der Schule, die bisher schon ihr Interesse an der eugenischen Aufklärung betätigt haben, die Einladung zur Mitwirkung. Er ist den Herren Dr. *Harmsen*-Berlin, dem ärztlichen Abteilungsleiter im Zentralausschuß für Innere Mission der deutschen evangelischen Kirche, Professor Dr. *Jos. Mayer*-Paderborn und Oberstudiendirektor *Wasserloos*-Essen für ihre bereitwillige Beteiligung zu Dank verpflichtet.

Sämtliche Berichterstatter und Vortragende haben mit bestem Erfolg dazu beigetragen, daß bei der Tagung die grundlegende Bedeutung der eugenischen Forderungen für die Zukunft unseres Volkes ohne Unterschied der weltanschaulichen Auffassungen in überzeugender Einmütigkeit zum Ausdruck gelangt ist.

Bericht über den Verlauf der Tagung.

Am 20. Mai nachmittags hatte nach einer Sitzung des weiteren Vorstandes und des Ausschusses eine Mitgliederversammlung des Verbandes stattgefunden, über deren Verlauf die in der Zeitschrift für psychische Hygiene Bd. V Heft 6 mitgeteilte Niederschrift Auskunft gibt.

Abends trafen sich die schon anwesenden Besucher der Tagung bei einem zwangslosen Zusammensein in der »Lese«, zu dem sich auch Vertreter und Mitglieder auswärtiger Organisationen für psychische Hygiene einfanden.

Die Tagung fand am Sonnabend, dem 21. Mai, im Auditorium maximum der Universität statt. Sie vereinigte über 200 Teilnehmer, unter denen sich zahlreiche Vertreter der Behörden des Reiches, der Länder, der Provinzen und der Kommunen, ferner der angeschlossenen Korporationen, sowie der ausländischen Organisationen für psychische Hygiene befanden; bemerkenswerterweise waren auch Vertreter der wissenschaftlichen und praktischen sozialen Hygiene in erheblicher Anzahl erschienen.

Das Reichsgesundheitsamt war vertreten durch Oberregierungsrat Dr. *Hesse*, das Preußische Ministerium des Innern durch Polizeimedizinalrat Dr. *Bauer*, die Stadt Bonn durch Stadtmedizinalrat Dr. *Basten*, die Regierung des bayerischen Kreises Oberfranken durch Obermedizinalrat Dr. *Hock*-Bayreuth, der Verband der Preußischen Provinzen durch Ministerialrat Dr. *von Schenk*, der Reichsverband der beamteten Deutschen Psychiater durch Oberarzt Dr. *Koester*-Bonn, die Vereinigung Deutscher Kommunal-, Schul- u. Fürsorgeärzte durch Stadtmedizinalrat Dr. *Schroeder*-Oberhausen, der Deutsche Ärztevereinsbund durch Professor Dr. *Eichelberg*-Hedemünden, der Fünfte Deutsche Wohlfahrtsverband durch Dr. *Kall*-Düsseldorf, das Deutsche Rote Kreuz durch den Provinzialdelegierten Dr. *Dahn*-Koblenz, der Zentralausschuß für Innere Mission der Deutschen evangelischen Kirche durch Dr. *Harmsen*-Berlin.

Für die Schweizer Organisation für psychische Hygiene waren erschienen Professor Dr. *Hans W. Maier*-Zürich, für die holländische Dr. *Meyers*-Amsterdam, Dr. *Pameyr*-Haag, Professor

Dr. *Boumann*-Utrecht, für die französische Dr. *Schiff*-Paris, für die norwegische Dr. *Evensen*-Oslo, für die finnische Frau *Neuman-Rahn*-Helsingfors.

Folgende Herren, die am Erscheinen, bzw. Dienststellen, die an der Entsendung von Vertretern verhindert waren, hatten die Tagung mit den besten Wünschen für ihren Verlauf schriftlich begrüßt: Geheimrat Professor Dr. *Abderhalden*-Halle a. d. S., Professor Dr. *Birnbaum*-Berlin-Buch, Sanitätsrat Dr. *Juliusburger*-Berlin, Professor Dr. *Vogel*, Deutsches Hygienemuseum Dresden, Oberregierungsrat Dr. *Wiedel*, Reichsministerium des Innern, Berlin, Geheimrat Dr. *Hamel*, Präsident des Reichsgesundheitsamtes, Professor Dr. *Thiele*, Sächsisches Arbeits- und Wohlfahrtsministerium Dresden, das Landesfürsorgeamt Dessau, das Anhaltische Staatsministerium, die Herren Landeshauptleute der Provinzen Pommern und Niederschlesien, Landrat Dr. *von Hugo*-Kassel, die Herren Oberbürgermeister von Düsseldorf, Köln und Breslau, ferner Professor Dr. *Eugen Fischer*, Professor *Muckermann* und Dr. *von Verschuer* von dem Kaiser-Wilhelm-Institut für Anthropologie und menschliche Erbkunde, Berlin Dahlem, für die Deutsche Gesellschaft für Rassenhygiene Professor Dr. *Lenz*-München-Hersching, für die Allgemeine ärztliche Gesellschaft für Psychotherapie Dr. *Cimbal*-Altona, für die Österreichischen Verbände für psychische Hygiene Professor Dr. *Pappenheim*-Wien und Privatdozent Dr. *Kauders*-Wien, und endlich für die Französische Liga die Herren *Toulouse*, *Genil-Perrin* und *Heuyer*-Paris, für die Belgische Liga Professor *Ley*-Brüssel, Dr. *Sano*-Gheel, für die Italienische Liga Professor *Ferrari*-Bologna, Dr. *Tumiati*-Venedig, für die Tschechische Liga Dr. *Brandjes*-Prag.

Herr Ministerialrat Dr. *Ostermann* vom Preußischen Wohlfahrtsministerium war in letzter Stunde dienstlich abgehalten und mußte den angemeldeten Vortrag zurückziehen. Die Herren Professor Dr. *Hans W. Maier* und Obermedizinalrat Dr. *Meltzer* wurden während der Tagung abberufen und konnten deshalb ebenso wie Oberarzt Dr. *Koester* ihre angekündigten Vorträge nicht halten. Die Herren *Koester* und *Meltzer* haben ihre Manuskripte für den Tagungsbericht in dankenswerter Weise zur Verfügung gestellt.

Der Vorsitzende des Verbandes, Herr Geheimrat Professor Dr. *Sommer*-Gießen, eröffnete 9,10 Uhr die Tagung.

Er begrüßte zunächst die Mitglieder des Deutschen Verbandes für psychische Hygiene, die sich nach der I. Deutschen Tagung im September 1928 in Hamburg anläßlich der Naturforscher- und Ärzteversammlung nunmehr nach $3^1/_2$ Jahren zur II. Tagung in Bonn zusammengefunden haben. Die Vorbereitungen waren schon lange im Gang, mußten jedoch mit Rücksicht auf die sonstigen Aufgaben des Verbandes, besonders beim I. Internationalen Kongreß für psychische Hygiene in Washington im Mai 1930 und die Internationale Hygieneausstellung in Dresden 1930 und 1931 sowie auf die Entwicklung der wirtschaftlichen Verhältnisse wiederholt zurückgestellt werden.

Der Verband hat sich diesmal entschlossen, seine II. Tagung

im unmittelbaren Anschluß an die Jahresversammlung des Deutschen Vereines für Psychiatrie nach Bonn zu legen. Es soll dadurch der enge Zusammenhang der psychischen Hygiene mit dem Mutterboden der Psychiatrie zum Ausdruck gebracht werden. *Sommer* begrüßte daher besonders die zahlreich erschienenen Mitglieder des Deutschen Vereines für Psychiatrie. Die entscheidende Wendung in der Entwicklung des Verbandes ist auf der Jahresversammlung des Deutschen Vereins für Psychiatrie in Kassel im Jahr 1925 erfolgt, als auf Bitte des jetzigen Vorsitzenden Herrn Professor Dr. *Weygandt* als Vertreter des Deutschen Vereines für Psychiatrie in den Vorstand des im Jahre 1923 gegründeten Deutschen Verbandes für psychische Hygiene abgeordnet wurde. Dadurch war eine enge Beziehung zwischen den beiden Körperschaften gewährleistet; sie wurde durch die Herren Obermedizinalrat Dr. *Kolb* und Obermedizinalrat Dr. *Simon* weiter ausgebaut und dank der Vermittlung von Herrn Geheimrat Professor Dr. *Ilberg* durch die Lösung der Zeitschriftenfrage insofern befestigt, als die von Direktor Dr. *Roemer* geleitete Zeitschrift für psychische Hygiene, das Organ des Verbandes, der Allgemeinen Zeitschrift für Psychiatrie als selbständiger Teil angegliedert werden konnte.

Sommer begrüßte weiterhin die Vertreter und Mitglieder der ausländischen Verbände und Ligen, mit denen der Verband in enger Beziehung steht. Der Deutsche Verband ist Mitglied einer internationalen Organisation für psychische Hygiene, die in Gestalt eines Internationalen Ausschusses schon zur Vorbereitung des Kongresses in Washington tätig war und bei diesem ihre endgültige Form erhalten hat. *Sommer* verweist dabei auf den soeben eingetroffenen Vorausdruck des ersten Teiles des offiziellen Berichtes über den Kongreß von Washington 1930.

Ferner begrüßte *Sommer* die verwandten Organisationen, die mit dem Verband durch gemeinsame Interessen, zum Teil auch durch Entsendung von Vertretern in den Ausschuß verbunden sind. Sodann wandte er sich an die erschienenen Vertreter der Reichs-, Länder-, Provinzial- und Kommunalbehörden und dankte besonders dem Reichsministerium des Innern für die tatkräftige Unterstützung der Bestrebungen des Verbandes.

Nachdem *Sommer* schließlich noch die zahlreich erschienenen Gäste, insbesondere die Vertreter der sozialen Hygiene und Gesundheitsfürsorge bewillkommnet hatte, ging er zu seinem einführenden Vortrag über und besprach das Thema:

Die eugenischen Aufgaben der psychischen Hygiene.

Die psychische Hygiene beruht im wesentlichen auf der Ursachenforschung im Gebiet der Geistes- und Nervenkrankheiten, sowie in dem der Kriminalität. Es läßt sich geschichtlich zeigen, daß die psychische Hygiene speziell in Deutschland unmittelbar aus der Klarstellung und scharfen Trennung der endogenen und exogenen Ursachen hervorgeht. Von hier führte die Entwicklung einerseits zur Bekämpfung von äußeren Ursachen, wie dies von dem Vortragenden in seinen Arbeiten über die Ermündung als Massenerscheinung und ihre Vorbeugung durch öffentliche Ruhehallen geschehen ist, andererseits zur Bekämpfung der endogenen Ursachen, die vom biologischen Standpunkt auf der Beschaffenheit der Keimzellen beruhen. Diese Richtung ist von dem Vortragenden in seinem Buch über Familienforschung und Vererbungslehre mit scharfer Hervorhebung des prophylaktischen Problems in bezug auf die Beschaffenheit der Keimzellen behandelt worden.

Dieser Auffassung des Vortragenden entsprechend hat auch der Verband als solcher von vornherein in seinem Programm die endogenen und exogenen Ursachen der Geistesstörungen in völlig gleichwertiger Weise hervorgehoben. Eine in der Literatur vorhandene Angabe, als ob der Verband sich erst neuerdings der Eugenik im Sinne der Vermeidung von endogenen Ursachen zugewandt habe, ist völlig irrig. Wir haben das eugenische Problem im Sinne der Vermeidung pathogener Keimbeschaffenheit zum Hauptgegenstand der heutigen Tagung gewählt und versucht, es nach seinen wissenschaftlichen Grundlagen wie nach seiner praktischen Durchführbarkeit möglichst vollständig zu beleuchten. Wenn der Verband die psychiatrische Eugenik damit in den Mittelpunkt der II. Deutschen Tagung gerückt hat, so beabsichtigt er damit, wie ausdrücklich betont sei, keine dogmatische Einschränkung auf die endogenen Ursachen der erblichen Anlage, er wird vielmehr auch die exogenen Ursachen entsprechend seinem Programme mit derselben Sorgfalt verfolgen und bekämpfen. Lediglich aus technischen Gründen erschien es erforderlich, sich diesmal auf die heute im Vordergrund des öffentlichen Interesses stehende Vermeidung pathogener Keimbeschaffenheit zu beschränken. Selbstverständlich darf die psychische Hygiene dabei die Beschaffenheit der pathologischen Persönlichkeit nicht übersehen, und die auf Abhilfe in dieser Richtung zielenden Bestrebungen nicht geringschätzen. Auch diese Auffassung kommt in den Berichten und Vorträgen zum Ausdruck. Sommer bittet also, das Programm der Tagung nicht im Sinne einer dogmatischen Einschränkung, sondern im Sinne einer deutlichen Hervorhebung des Grundproblems der Keimbeschaffenheit aufzufassen.

Hierauf brachten Herr Oberregierungsrat Dr. *Hesse* für das Reichsgesundheitsamt und zugleich für das Reichsministerium des Innern, ferner Herr Stadtmedizinalrat Dr. *Basten* für die Stadt Bonn und Herr Professor Dr. *Eichelberg* für den Deutschen Ärztevereinsbund die besten Wünsche für den Verlauf der Tagung zum Ausdruck, worauf alsbald in die Tagesordnung eingetreten wurde.

Zunächst wurden die vier Referate erstattet.

I. Professor Dr. *Rüdin*-München: Die Ergebnisse der psychiatrischen Erbbiologie für die eugenische Praxis.

II. Privatdozent Dr. *Luxenburger*-München: Die Sterilisierung aus psychiatrisch-eugenischer Indikation.

III. Oberreichsanwalt i. R. Professor Dr. Dr. *Ebermayer*-Leipzig: Die juristischen Gesichtspunkte für die psychiatrische Eugenik im geltenden und kommenden Recht.

IV. Professor Dr. Hübner-Bonn: Die psychiatrische Eheberatung.

An die Referate schlossen sich folgende Vorträge an:

Professor Dr. *Gonser*-Berlin-Dahlem: Neue Formen des Alkoholismus und Mittel seiner Bekämpfung — im Hinblick auf die psychisch-eugenische Entwicklung des deutschen Volkes.

Nach einer Mittagspause von 13,00—14,15 Uhr übermittelte Herr Polizeimedizinalrat Dr. *Bauer*-Bonn die Grüße und Wünsche des Herrn Preußischen Ministers des Innern.

Hierauf richtete Herr Dr. *Schiff*-Paris im Namen der Französischen Liga für psychische Hygiene folgende Worte der Begrüßung an die Versammlung:

Le docteur *Schiff* (Paris) se félicite d'apporter une seconde fois, comme délégué de la Ligue Française d'Hygiène Mentale, les voeux que cette association forme pour le succès du mouvement allemand en faveur de l'hygiène psychique. Il transmet, avec ses compliments personnels, en particulier ceux du Dr. *Toulouse* et du Dr. *Genil-Perrin*, président et sécrétaire de la Ligue Française d'Hygiène Mentale.

Il indique que la Ligue Française vient de créer deux filiales, à l'action très étendue et dont les buts répondent aux préoccupations du congrès de Bonn: ce sont l'Association d'Etudes Sexologiques et la Société de Prophylaxie Criminelle: l'expérience a montré qu'une prophylaxie mentale chez les individus ne sera efficace qu'en étudiant le problème criminel d'une part, les questions sexologiques, d'autre part, dans leurs rapports avec la vie sociale.

Es folgte dann:

Professor Dr. *Fetscher*-Dresden: Die Praxis der Eheberatung und Sterilisierung.

Dr. med. *Harmsen*-Berlin, ärztlicher Abteilungsleiter im Zentralausschuß für Innere Mission der deutschen evangelischen Kirche: Die Verwirklichung eugenischer Forderungen innerhalb der evangelischen Liebestätigkeit.

Professor Dr. *Jos. Mayer*-Paderborn: Sozialethisches zur Verhütung geisteskranker Nachkommenschaft.

Obermedizinalrat Dr. *Faltlhauser*, Direktor der Oberbayerischen Heil- und Pflegeanstalt Kaufbeuren: Psychiatrische Eugenik und offene Geisteskrankenfürsorge.

Dr. *Bruno Schulz*, Assistent an der Deutschen Forschungsanstalt in München: Krankengeschichtenmaterial und erbbiologische Forschung.

Dr. med. *Struve*-Kiel, Mitglied des Preußischen Staatsrates: Die eugenischen Anträge, die im Preußischen Staatsrat beraten und am 20. Januar 1932 zu Ende geführt worden sind.

Oberstudiendirektor Dr. *Wasserloos*-Essen: Die Aufgaben der Schule vom Standpunkt der Hygiene und Eugenik.

Professor Dr. *Rittershaus*-Hamburg-Friedrichsberg: Behördliche Maßnahmen zur Erschwerung der Eugenik.

Geheimrat Professor Dr. *Sommer*-Gießen: Der natürliche Adel als Ausleseprinzip.

Erörterung: Obermedizinalrat Dr. *Simon*-Gütersloh:

Zunächst habe ich Ihnen im Auftrage des Vorstandes noch von zwei Zuschriften Kenntnis zu geben, die für unsere Tagung eingegangen sind:

1. San.-R. Dr. *Juliusburger*-Berlin berichtet über eine gemeinsame Sitzung der Bezirkswohlfahrtsdeputation und des Verwaltungsausschusses des Bezirks-Jugendamtes Berlin-Friedrichshain, in der nach einem Referate *Juliusburgers* über »die Sterilisation von Asozialen« und einem Korreferate von Mag.-Rat *Adler*, sowie lebhafter Aussprache eine einstimmige Entschließung angenommen wurde. Der Wortlaut ist in Anlage IV wiedergegeben.

2. Med.-Rat Dr. *Boeters*-Zwickau weist auf seine bekannten Leitsätze zur Sterilisationsfrage hin.

Die heutige Tagung hat eine erfreuliche Übereinstimmung der von Vertretern verschiedener Fakultäten vorgetragenen Meinungen ergeben. Diese Übereinstimmung scheint mir ein gutes Vorzeichen für ein wirksames Zusammenarbeiten der eugenisch tätigen Ärzte mit Schule und Kirche zu sein, mit dem Ziele der Erhaltung eines erbtüchtigen und gesunden Volksganzen. Wenn die katholische Kirche die Sterilisation Minderwertiger noch ablehnt, so beeinträchtigt das unsere Zusammenarbeit nicht. Denn wenn auch die Sterilisation geeignet erscheint, wenigstens eine Anzahl der gefährlichsten Fälle erblicher Entartung von der Fortpflanzung auszuschalten, so wird sie doch immer nur einen geringen Prozentsatz der unsere kommenden Generationen bedrohenden Minderwertigkeit und Untauglichkeit treffen können. Nach den vorliegenden Berichten hat man in dem amerikanischen Staate (Kalifornien), der in bezug auf die eugenische Sterilisation am weitesten gegangen ist, bisher eine Anzahl Untauglicher unfruchtbar gemacht, die etwas mehr als ein Tausendstel der Gesamtbevölkerung ausmacht. Die das Erbgut unserer Kulturvölker Gefährdenden: Geisteskranke, Epileptiker, Idioten, Schwachsinnige, Beschränkte, Psychopathen, Taugenichtse und Psychopathen aller Art, werden aber von erfahrener Seite auf 30 und sogar auf 50 vom Hundert geschätzt, wobei natürlich eine scharfe Abgrenzung gegenüber dem Gesunden unmöglich ist. Es ist ganz ausgeschlossen, daß wir jemals durch die Sterilisation diesen breiten Strom erblicher Lebensuntüchtigkeit aufhalten können. Viel mehr verspreche ich mir davon, daß in weiteste Kreise unseres Volkes nicht nur die Erkenntnis dieser Gefahren, sondern auch das Gefühl der eigenen Verantwortung an der Gesundheit und Tüchtigkeit kommender Generationen hineingetragen und immer wach gehalten wird. Und dabei kommt es noch weniger auf die Alten und die Erwachsenen an, welche bereits ihr Erbgut an die nächste und übernächste Generation weiter gegeben haben oder doch in der Gattenwahl bereits mehr oder weniger gebunden sind. Das Wichtigste ist, daß unsere Jugend, die gleichzeitig unsere Zukunft bedeutet, sich von klein auf in dieses Wissen und dieses Verantwortungsgefühl hineinlebt. Mit gelegentlichen Hinweisen und Belehrungen in den verschiedenen Schulen ist es nicht getan. Das biologische Verantwortungsgefühl muß wie ein Stück Religion in die ganze Persönlichkeits-Entwicklung der Jugend hineingepflanzt werden. Und hier ist das Gebiet, wo auch die Kirche stärkste, ja die für den Erfolg entscheidende Mithilfe leisten kann.

Professor Dr. *Sioli*-Düsseldorf:

Im Auftrage des Verbandes der Deutschen Hilfsvereine für Geisteskranke drücke ich dem Verband für psychische Hygiene meine volle Zustimmung aus. Die Tagung des Verbandes für psychische Hygiene mit ihrem reichen Programm ist eine Plattform, auf der aus dem Rohmaterial der Erkenntnis Werkzeuge für die praktische Arbeit geschmiedet werden. Die Hilfsvereine für Geisteskranke, die den entlassenen Kranken und ihren Familien wirtschaftliche und seelische Hilfe bringen, freuen sich der wertvollen Unterstützung, die sie durch die zur Verschmelzung von Helfen und Vorbeugen führende Tätigkeit des Verbandes für psychische Hygiene gewinnen.

Nach kurzer Erörterung entschied sich die Versammlung dahin, aus technischen Gründen von einer Entschließung abzusehen.

Geheimrat *Sommer* stellte in seinem Schlußwort fest, daß die Forderungen, die sich aus der erbbiologischen Forschung für die Praxis der psychiatrischen Eugenik ergeben, von den Wissenschaftlern und Praktikern, von den Medizinern und Juristen, von den Ärzten und Sozialhygienikern, von den Vertretern der Kirchen und der Schule in bemerkenswerter Einheitlichkeit verstanden und vertreten werden. Er erblickte in dieser Übereinstimmung einen verheißungsvollen Auftakt für das Wirken des Verbandes im Sinne einer eugenischen Prophylaxe, insbesondere für eine Gemeinschaftsarbeit aller bei der Tagung zu Wort gekommenen Kreise im Sinne einer eugenischen Belehrung der Bevölkerung, die als Voraussetzung für alle gesetzgeberischen Maßnahmen anzusehen ist.

Nach Abschluß der Erörterung über das Hauptthema der Tagung erstattete Professor Dr. *Weygandt*-Hamburg-Friedrichsberg einen Bericht über den I. Internationalen Kongreß für psychische Hygiene in Washington 1930, bei dem u. a. Professor Dr. *Rüdin*-München ein gut aufgenommenes Referat über die eugenische Prophylaxe erstattet hat, und über die amerikanischen Irrenanstalten, die von der Deutschen Delegation besucht wurden. Auf eine Wiedergabe des Berichtes, der durch zahlreiche Lichtbilder erläutert wurde, wird an dieser Stelle verzichtet, da der Verband einen ausführlichen Kongreßbericht vorbereitet.

Schließlich referierte Geheimrat Professor Dr. *Sommer*-Gießen über die europäische Organisation der psychischen Hygiene und die regelmäßigen europäischen Konferenzen, die u. a. der Vorbereitung des für 1935 in Paris geplanten II. Internationalen Kongresses dienen.

Nachdem der Vorsitzende den Referenten und Vortragenden für ihre wertvolle Mitwirkung und Herrn Professor Dr. *Hübner* sowie Herrn Oberarzt Dr. *Koester* für die umsichtige Vorbereitung der Tagung den Dank des Verbandes ausgesprochen hatte, schloß er um 17 Uhr die Tagung.

Im Anschluß hatte Herr Professor Dr. *Löwenstein* die Liebenswürdigkeit, für mehrere Besucher der Tagung eine Führung durch die von ihm geleitete Anstalt der Rheinprovinz für psychopathische Kinder und Jugendliche, die für praktische und wissenschaftliche Zwecke mit vorbildlicher Großzügigkeit ausgestattet ist, zu veranstalten.

Ein zwangloses geselliges Zusammensein am Abend bildete den Abschluß der Tagung.

Die Ergebnisse der psychiatrischen Erbbiologie für die eugenische Praxis.

Von

Professor Dr. **Rüdin**, München, Deutsche Forschungsanstalt für Psychiatrie.

Eugenik und Rassenhygiene hat es längst gegeben, bevor diese Worte geprägt und mit wissenschaftlichem Geist erfüllt wurden.

Auch heute noch finden wir im Volke viele wertvolle Strömungen nach dieser Richtung, ein urwüchsiges Sehnen, im Rahmen der Familiengründung zu Gesundheit, Tüchtigkeit, Rechtschaffenheit und Begabung der kommenden Geschlechter beizutragen. Viele treffen dabei instinktiv das Richtige.

Allein in der naturwissenschaftlichen Gegenwart empfinden wir doch das Bedürfnis nach mehr bewußten und wissenschaftlichen Anhaltspunkten für ein eugenisches Verhalten. Dieses äußert sich in dem Verlangen, rechtzeitig zu erfahren, unter welchen erkennbaren Bedingungen eine gute oder schlechte Nachkommenschaft zu erwarten ist.

Die Tragweite der Gesundheit der Verlobten für eine Nachkommenschaft ist nämlich nicht immer leicht zu beurteilen und dasselbe gilt von Belastungen in den beiden Familien. Der eine sieht zu schwarz, der andere dagegen verdrängt womöglich alles Nachteilige, besonders wenn es ihn selbst angeht, aber auch bei seinem Partner, wenn er sehr verliebt ist, oder materielle Interessen hat. Bekannt ist die Neigung des Publikums, für jede Krankheit eine Entstehungsweise aus rein äußeren Ursachen bereitzuhalten. Belanglose Unfälle, Jugendsünden, die in ihrer Wirkungsmöglichkeit gänzlich verkannt werden, aufgelöste Verlobungen, allerlei für den Ausbruch von Erbstörungen unwesentliche Geschehnisse im Leben jedes Einzelnen müssen herhalten, um eigene Geistesstörungen oder solche bei Verwandten zu erklären. Wie oft hört man auch, die Geistesstörungen seien nur Gemüts- oder Nervenleiden als begreifliche Folgen von Schicksalen, Überarbeitung, Unfällen, schlechter Behandlung, Unterernährung. Nicht mit Unrecht dagegen wird geltend gemacht, daß Belastung in gewissem Sinne doch eigentlich in jeder Familie vorhanden sei. Es frage sich nur, wieweit man in der Verwandtschaft gehe und wie strenge man vorgehe in der Beurteilung der Anomalien. Wo sei denn da die Grenze zu ziehen? Leider mit Recht hört man auch sehr oft, der eine Doktor habe eine Heirat aus Gesundheitsrücksichten verboten, der andere dagegen keine Bedenken geäußert. Wonach solle man sich denn da richten?

Welche Antworten gibt hier die psychiatrische Erbbiologie?

Die Anlage zu geistiger Störung kann sich genau so vererben, wie jede andere abnorme Veranlagung, ja wie jede Eigenschaft oder Reaktionsweise überhaupt.

Die geistigen Eigenschaften, der Charakter, sind gebunden an das materielle Substrat des Zentralnervensystems, an das Gehirn, das wie jedes andere Körperorgan den Gesetzen der Vererbung unterliegt. Erbanlagen und äußere Ursachen stehen dabei nicht im Gegensatz zueinander, sondern in Wechselwirkung. Das Walten äußerer Ursachen schließt das Walten der Vererbungsgesetze nicht aus.

Die modernen aus dem Pflanzen- und Tierversuch abgeleiteten Erbgesetze gelten auch für den Menschen und für geistige Störung.

Durch sie wird so ziemlich alles erklärt, was für uns von praktischer Wichtigkeit ist, z. B. warum Nachkommen in gewissen Eigenschaften dem Vater, der Mutter oder anderen Verwandten gleichen; warum sichtbare Eigenschaften plötzlich verschwinden, eine Zeitlang im Laufe der Generationen zurücktreten und dann wieder auftauchen; wann und warum Verwandtenheiraten und Heiraten zwischen belasteten Familien bald schädlich, bald harmlos sind. Sie erklären die Bedeutung dessen, was man früher direkte, indirekte und kollaterale Vererbung genannt hat. Und sie erklären die Proportionen, in denen gesunde und kranke Eigenschaften auftreten, sowie die gelegentliche stärkere Erkrankung des männlichen oder weiblichen Geschlechts.

Für ein paar seltenere Geistesstörungen ist sogar schon die spezielle *Mendel*sche Erbregel festgestellt, nach der die Vererbung vonstatten geht.

Es sind das gewisse Schwachsinns- und Epilepsie-Formen, die zum Teil mit Erblindung, Lähmung und epileptischen Anfällen und sonstigem schweren Siechtum verknüpft sind, welche schon in der Kindheit auftreten und immer wieder in gewissen Familien auftauchen, trotzdem die Kranken selbst gar nicht zur Fortpflanzung kommen. Im erblichen Veitstanz, in der sogenannten Huntingtonschen Chorea, haben wir aber auch eine erbliche Geisteskrankheit, welche Erwachsene befällt. Sie war zuerst in Europa verbreitet, und seitdem vor mehr als 100 Jahren Kranke dieser Art nach Amerika hinübergewandert sind, ist auch dieser Erdteil mit diesem Leiden beglückt. Der gewöhnliche angeborene Schwachsinn, soweit er erblich ist, folgt wahrscheinlich einem polymeren rezessiven Modus mit Verankerung eines Faktorenpaares im Geschlechtschromosom, was auch das Überwiegen des männlichen Geschlechts erklären würde.

Bei den häufigsten Geistesstörungen im engeren Sinne, deren Opfer unsere Irrenanstalten bevölkern, die aber auch außerhalb derselben Familie und Öffentlichkeit auf das empfindlichste stören, sind wir freilich noch nicht bei der Auffindung ganz exakter Erbregeln angelangt. Das hängt mit der Verwickeltheit menschlicher Verhältnisse zusammen und damit, daß uns beim Menschen nicht wie bei Tier und Pflanze das Experiment zur Verfügung steht.

Wir haben aber auch hier schon Ziffern gewonnen, welche in praktischer Hinsicht reinen Erbziffern nahezu gleichzuerachten sind. Sie sollen bei weiterem Ausbau uns immer mehr helfen, objektive, der Willkür entrückte Anhaltspunkte für unser eugenisches Handeln zu gewinnen.

Da unsere empirischen Erb-Prognoseziffern schon in die Literatur übergegangen sind, will ich nur an ein paar Beispielen zeigen, welches die Aussichten der Krankheitsübertragung von Menschen sind, welche selbst an Erbkrankheiten leiden.

Wir haben die Kinder von vielen Schizophrenen untersucht und gefunden, daß unter ihnen 9—10% die gleiche Krankheit wie die Eltern besitzen. Daneben finden sich unter diesen Kindern noch etwa dreifach so viele (also 34—42%), welche neuropathisch oder Sonderlinge sind.

Bei den Kindern von Manisch-Depressiven wurden 30 bis 35% wieder manisch-depressiv geisteskrank befunden. Ebenso viele sind neuropathisch, so daß der Prozentsatz der gesamten Abnormen mindestens 60—66% beträgt.

Für die genuine Epilepsie lauten die Ziffern etwa ähnlich wie für die Schizophrenie.

Die Häufigkeit der Schizophrenie in der Bevölkerung beträgt aber nur 0,85%, also 10mal weniger, diejenige des manisch-depressiven Irresein 0,48%, also 78mal weniger als bei den Kindern dieser beiden Sorten von Geisteskranken.

Der gewaltige Unterschied in der Erkrankungshäufigkeit der Kinder von Erb-Geisteskranken und der Häufigkeit dieser Störungen in der Bevölkerung überhaupt gibt uns einen zahlenmäßigen Begriff von der Wünschbarkeit der Vermeidung der Fortpflanzung erblich geisteskranker Menschen.

Was bedeutet das nun, gesehen vom Standpunkt des Erb-Geisteskranken selbst? Die genannten Prozentsätze bedeuten für seine Kinder Wahrscheinlichkeiten, keine Sicherheiten. Wer Sicherheiten der Nachkommenschaftsprognose für einen gegebenen Erb-Geisteskranken verlangt, geht von falschen Voraussetzungen aus. Er hat die ganze Erblehre nicht begriffen.

Wenn z. B. 50 Erb-Veitstanz-Kranke Kinderschaften von je vier Kindern haben, also 200 Kinder zusammen, so ist es zwar sicher, daß die Hälfte = 50% darunter wieder die elterliche Krankheit haben werden, weil das gut bekannte Vererbungsgesetz der Huntingtonschen Chorea in der großen Masse sich mit Sicherheit erfüllt. Aber für die einzelne Veitstanz-Familie ist diese klassische Krankheitsproportion nicht maßgebend. Ein Choreatiker kann bei Verbindung seiner Erbelemente mit denen seiner Gattin Glück haben, dann sind alle vier Kinder frei von dem Übel. Oder er kann Pech haben, dann sind alle vier Kinder krank oder es kann nur ein Kind, es können nur zwei Kinder krank sein usw. Das kommt daher, daß der Choreatiker kranke und gesunde Spermatozoen je zur Hälfte besitzt. In seiner Ehe kommen sie nach dem Zufallsgesetz zum Zuge mit den gesunden Eiern der gesunden Gattin. Will der Zufall, daß viermal hintereinander bei der Befruchtung die gesunden Spermatozoen zum Zuge kommen, so sind alle vier Kinder gesund. Kommen zufällig vier kranke Spermatozoen nacheinander zum Zuge, so sind alle vier Kinder krank usw.

Das eugenische Verhalten darf sich daher nicht nach dem richten, was wir in einer einzelnen Kinderschaft sehen, sondern nur nach dem Ergebnis der Krankheitsproportion in einer genügend großen Summe von Kinderschaften von Geisteskranken.

Das ist das Prinzip der wissenschaftlichen empirischen Erbprognoseberechnung, welche Unwissenheit, Subjektivismus und Willkür im eugenischen Handeln beseitigen soll.

Nach unseren bisherigen Befunden können wir nun kurz sagen: Menschen, die selbst kraft einwandfreier Diagnose erblich geisteskrank oder angeboren schwachsinnig in irgend welchem Grade sind, sollen keine Kinder haben. Alle Einwände gegen diese These erweisen sich bei näherem Zusehen als nicht stichhaltig.

Gleich wichtig sind nun aber die Anhaltspunkte über die Aussichten der Krankheitsübertragung von Menschen, welche selbst ihr Leben lang von Erbkrankheiten frei gewesen sind.

Daß man eine Krankheitsanlage erblich übertragen kann, ohne selbst an dieser Krankheit zu leiden, hat heute wohl jeder Gebildete schon einmal gehört. Was muß man wissen und was muß man tun, wenn Belastung auf einer Seite oder auf beiden Seiten von zwei Menschen vorliegt, die eine Familiengründung beabsichtigen?

Eine einigermaßen sinnvolle Erbprognose in solchen Fällen ist fast nie ohne Kenntnisse der beiderseitigen Belastungen, natürlich auch nicht ohne Kenntnis der beiden Heiratskandidaten selbst zu stellen. Zur Erbprognose für belastete, nicht geisteskranke Personen brauchen wir immer die zwei Familien und die zwei Kandidaten. Es ist daher eigentlich lächerlich, wenn, wie oft, ein Heiratskandidat zur Konsultation allein daherkommt, überdies meist noch mit nur kümmerlichen Gesundheitsangaben über die eigene und ganz unzuverlässigen über die Verlobten-Familie. Die Hauptgeistesstörungen vererben sich ja nach dem rezessiven Modus, d. h. jemand kann vereinzelte krankhafte Anlagen erben, besitzen und wieder vererben, und erkrankt selbst doch nicht daran. Erst wenn ein Mensch von Vaters- und Muttersseite gleichartige Krankheitsanlagen bekommen hat, wird er selbst krank. Eine Anlage kann aber in einer Familie stecken und bei den von uns übersehbaren Verwandten doch nicht zu Krankheit geführt haben, weil diese Anlagen in den Verwandten isoliert blieben. Jeder auch nur mit einem einzigen Fall belastete Mensch möchte aber doch gern wissen, wie groß für ihn in concreto, wenn auch nur in Wahrscheinlichkeitsziffern ausgedrückt, die Gesundheitschance seiner Kinder ist.

Besitzen wir nun auch hier schon Ziffern darüber, mit welcher Wahrscheinlichkeit Kinder von nur lediglich belasteten Menschen erkranken?

Hier sind wir noch im Anfang.

Wie es mit der geistigen Gesundheit von Kindern von gesund gebliebenen Geschwistern von Erbgeisteskranken steht, beantworten unsere Untersuchungen über Neffen und Nichten von Geisteskranken. Sie sollen der Beratung von Menschen dienen, welche zwar selbst gesund sind, aber erbgeisteskranke Geschwister haben und daher wissen wollen, ob sie Kinder erzeugen können.

Untersuchungen an Enkeln von Geisteskranken waren notwendig, um die Frage seitens der Söhne und Töchter von erbgeisteskranken Eltern nach dem Gesundheitsausfall eventueller Nachkommenschaft beantworten zu können.

Unsere Cousins- und Cousinen-Untersuchungen dienen der Aufklärung darüber, wie es mit den Aussichten auf eigene Erkrankung und Veranlagung und indirekt mit den Aussichten der eigenen Kinder steht, wenn bei einem Cousin oder einer Cousine ersten Grades eine Geistesstörung ausgebrochen ist.

Und viertens sollen unsere Groß-Neffen- und Groß-Nichten-Untersuchungen der Auskunft an Menschen dienen, welche einen geisteskranken Onkel oder eine geisteskranke Tante besitzen und wissen wollen, was dies für ihre eventuellen eigenen Kinder vom erbbiologischen Gesichtspunkte aus bedeuten könnte.

Hätten wir für diese vier Möglichkeiten und ihre Abarten schon Antworten für alle erblichen Geistesstörungen und Defekte, mit gleichzeitiger genauer Kenntnis der geistigen Gesundheit während des ganzen Lebens beider Eltern dieser vier Kategorien, und zwar auf den Seiten beider Ehe-Kandidaten, so könnten wir schon fast alle an uns gestellten Prognosefragen glatt beantworten. Aber leider stehe ich mit der Ausführung dieses Teiles meines Planes vorerst nur am Anfang.

Unter den Neffen und Nichten von Schizophrenen finden sich 1,4% Schizophrene, also rund das Doppelte wie in der Durchschnittsbevölkerung. Unter den Neffen und Nichten von Manisch-Depressiven finden sich 1,2%, also immer noch dreimal mehr manisch-depressive als in der Durchschnittsbevölkerung. Unter den Kindes-Kindern, also Enkeln von Schizophrenen, finden sich 1,8%, d. i. mehr als das Doppelte und unter den Cousins und Cousinen ersten Grades, also Kindern von Onkeln und Tanten von Schizophrenen finden sich 1,4%, nämlich nahezu das Doppelte der Durchschnittsbevölkerung. Unter den Großneffen und Großnichten von Schizophrenen sind, soweit das junge Material bis jetzt schon Schlüsse zuläßt, mindestens 0,8%, also etwas weniger als bei den Neffen und Nichten und nicht mehr als in der Durchschnittsbevölkerung.

Eine Untersuchung in Basel ergab sogar deutlich, der Erwartung entsprechend, daß die Großneffenziffer (1,6) zwischen der Neffen- (2,25) und Durchschnittsbevölkerungsziffer (1,13) liegt.

Das sind pauschale, mit der Erwartung aber gut übereinstimmende Ziffern, gewonnen auf Grund der erwähnten Verwandtschaftsverhältnisse und der persönlichen geisteskrankheitsfreien Beschaffenheit des Elternteils der belasteten Ausgangsfälle, aber ohne Rücksicht darauf, ob nicht die Eltern, wenn nicht geisteskrank, so doch psychopathisch sind und ohne Bezugnahme auf die persönliche Beschaffenheit der Partner und deren Belastung.

Berücksichtigt man die persönliche Beschaffenheit eines Elternteils oder beider Eltern auch nach der Richtung einer eventuellen Psychopathie, so ergibt sich eine Erhöhung der Geisteskranken- und Psychopathenziffern bei unsern Neffen und Nichten.

Systematische Erbprognoseuntersuchungen unter Berücksichtigung auch der angeheirateten Partner und deren psychotischer und psychopathischer Belastung konnten infolge Geldmangels noch nicht durchgeführt werden. Ich will denselben nicht vorgreifen. Jedenfalls kann man schon jetzt den auch früher von älteren Psychiatern intuitiv als richtig empfundenen Satz aufstellen, daß die Wahrscheinlichkeit, psychopathische und geisteskranke Kinder zu bekommen, um so größer ist, je mehr die Partner selbst psychopathisch und mit geisteskranken und psychopathischen Verwandten belastet sind.

Psychiatrisch-erbbiologisch ist praktisch schon jetzt der Standpunkt zu vertreten, daß belastete Psychopathen, am besten selbstverständlich Psychopathen überhaupt, unter keinen Umständen Kinder zeugen sollten, und daß geistig Normale aus gesunden Familien unter keinen Umständen mit Abnormen und am besten überhaupt nicht mit Angehörigen aus belasteten Familien, fruchtbare Ehen eingehen sollten. Das Gegenstück dazu würde bedeuten, daß auch Abnorme und erblich mit Geistesstörung belastete Menschen von sich aus auf fruchtbare Ehen verzichten sollten. Noch eigens möchte ich erklären: Die Ansicht, daß an einem rezessiv gehenden geistigen Übel Leidende oder damit erblich Belastete ruhig mit völlig normalen, in dieser Hinsicht unbelasteten Partnern Kinder zeugen könnten, weil ja bei den Kindern die rezessive Krankheit doch nicht zu erwarten sei, ist ein rein egoistischer und familien-egoistischer Standpunkt, und eugenisch durchaus zu verwerfen, weil dadurch nur die krankhaften Anlagen in gesunde Kreise verschleppt werden. Dagegen müßte der Egoismus jedes Volkes sich auflehnen! Natürlich kann immer nur der psychiatrisch und erbbiologisch geschulte Arzt entscheiden, was als gefährliche Belastung, wer als erblicher Psychopath oder erblicher Geisteskranker zu betrachten ist. Im übrigen aber werden weitere genaue Erbprognoseziffern ja zeigen, bis in welche Einzelheiten meine Sätze zu Recht bestehen oder noch modifiziert werden müssen.

Das ist alles praktisch Brauchbare, das bis jetzt in der allerdings kurzen Zeit, an Beispielen und allgemeinen Schlußfolgerungen über Ergebnisse der psychiatrischen Erbbiologie berichtet werden kann. Das meiste andere erklärt sich ohne Weiteres aus der experimentellen Vererbungslehre. Nur einige Einwände möchte ich noch mit ein paar Worten besprechen.

Man sagt, besser, als krankhafte Anlagen an der Übertragung zu verhindern, wäre die Verhütung ihrer ersten Entstehung. Das wäre freilich ideal. Doch haben wir noch keine Ahnung, ob und in welchem Maße, und erst recht nicht wie, Erbabänderungen, sogenannte Mutationen, beim Menschen entstehen. Wir wissen hier nur, daß Röntgenstrahlen unfruchtbar machen können. Für die Erzeugung von Anlagen zu Geistesstörung durch elterliche Geschlechtszellenvergiftung mit Alkohol, liegen noch gar keine triftigen Beweise vor. Wenn wir warten wollten, bis wir die Ursachen der Erzeugung von schlechten Anlagen herausgefunden haben, könnten wir längst zugrunde gegangen sein. Ebenso unwissend sind wir über Ursachen der Beseitigung bestehender Krankheitsanlagen auf mutativem Wege.

Daß, bei einer vermeintlichen Vererbung erworbener Eigenschaften, die Erfolge von Übungs- und Erziehungseffekten u. dgl. als bleibender Besitz in die Erbmasse eingehen, ist überhaupt nicht bewiesen und es wäre daher ein Wahn, zu glauben, durch Individualhygiene, gute Behandlungs-, Erziehungs- und Unterrichtsmethoden, gute Pflege und Beginn mit der Individualhygiene schon im Mutterleib, die Erbanlagen zum Guten beeinflussen zu können. Individualhygiene kann, bevor wir eine Mutationshygiene haben, niemals Erbhygiene ersetzen. Beide sind gleich unentbehrlich.

Man darf nicht in den Fehler verfallen, die eugenische Ausmerze nur der klinisch allerschwersten Fälle zu verlangen. Diese merzen sich ja von selber aus, während gerade die leichteren und die nichtasylierten Fälle zur Fortpflanzung kommen. Letztere sind aber gerade so verhängnisvoll für die Vererbung; denn nicht auf ihre Leichtigkeit kommt es an, sondern auf die noch eben sichere diagnostische Konstatierbarkeit. Auch sie sollen unter die eugenischen Prinzipien fallen, weil sie kein besseres Erbrisiko bieten, als die schweren Fälle.

Über die dominante direkte Vererbung geht ein mehr intensiver Strom von Krankheitsübertragung; ein mehr breiter Strom aber, könnte man sagen, geht über die rezessive, vielfach kollaterale und indirekte Vererbung. Beide müssen wir zu unterbinden versuchen. Es liegt nun in der Natur der Vererbungsgesetze, daß es bei den der Vorbeugung unerwünschter Erbzustände dienenden eugenischen Maßnahmen nicht ohne gleichzeitige Unterbindung eines gewissen Quantums gesunden Lebens abgeht. Ich habe das beim Beispiel der Kinder von Veitstanz-Kranken angedeutet. Die gesunden Erbkeime, die durch eine negative ausmerzende Eugenik mitbetroffen werden, sind eben das Opfer, das die Kulturmenschheit für die Einschränkung der natürlichen Personenausmerze zahlen muß. In einer ausreichenden Geburtenrate der erbgesunden Menschen liegt aber ein vollkommener Ersatz. Welch ein Glück, wenn an die Nährstellen, welche heute durch verbrecherische, degenerierte, erbkranke und unbegabte Familien blockiert werden, erbtüchtige Familien gesetzt werden könnten!

Die Eugenik kann und will nicht eine Höherzüchtung des Menschen im eigentlichen Sinne anstreben. Wir wollen nur das Abgleiten in eine mangelhafte Anpassung des Menschen an seine Umgebung und an die bewährten Kulturideale verhindern. Wir wollen, mit anderen Worten, nur die Quelle von Krankheit, Defektheit, Dummheit, Gemeinheit und Häßlichkeit, soweit dies eugenisch möglich, verstopfen, dadurch, daß wir auf eugenischem Wege den Durchschnitt von Gesundheit, Begabung, Güte, Tatkraft, Lebensfreude, Charaktergröße und Schönheit heben, kurz, daß wir die Vererbung bester Anlagen fördern und schlimmster Anlagen hemmen.

Auch der Einwand, daß Liebe sich an keine Beschränkungen halten könne, ist in der Hauptsache nicht stichhaltig. Denn einmal darf man all die vielen Betätigungsformen der Liebe nicht mit Fortpflanzung verwechseln. Und die Ursachen und Motive, die zu Liebe und Kinderzeugung, zur fruchtbaren Ehe führen, hängen doch unzweifelhaft von den verschiedensten, erfahrungsgemäß auch beeinflußbaren Umständen ab.

Eugenische Maßnahmen bieten keine Gefährdung überwertigen Lebens. Es ist nicht bewiesen, daß hervorragende und geniale, wirklich unentbehrliche Menschen oder Blutsverwandte von solchen, mehr an erblicher Geisteskrankheit litten, als andere Menschen, nur aus dem Grunde, weil sie eben so hoch begabt sind. Eine solche engere Korrelation wird zwar behauptet, aber noch niemand hat sie bewiesen. Sind aber unter dem aus eugenischen Gründen auszumerzenden Menschenmaterial nicht mehr Geniale und Hochbegabte, als es der betreffenden Schicht überhaupt entspricht, aus der hervorragende Menschen zu stammen pflegen, so kann ich eine gelegentliche Ausmerze überwertiger geistiger Anlagen durch eugenische Maßnahmen zwar bedauerlich finden, nicht aber als Gefahr für Volk und Rasse oder gar für die Menschheit anerkennen.

Man rät eugenischerseits vielfach zu Zwangsmaßnahmen, z. B. Zwangssterilisierung, weil gerade diejenigen Elemente, die es am meisten brauchten, hinsichtlich ihrer Fortpflanzung doch keine Vernunft annähmen. Allein hoffentlich ist um Zwangsmaßnahmen herumzukommen. Die Eugenik will das Recht der Menschen auf Geschlechtsgenuß ja nicht antasten. Ich persönlich lege auch keinen besonderen Wert auf Heiratsverbote. Die Eugenik verlangt nur, daß die Erbkranken und Belasteten gar nicht, die Erbtüchtigen dagegen sich gut fortpflanzen.

Die Eugenik muß also folgerichtig nur auf einer Rationalisierung des Geschlechtsverkehrs in ihrem Sinne bestehen, d. h. sie muß von den Erbuntüchtigen die Unterdrückung des Zeugungsanteils zugunsten des gesunden Erbgutes des Volkes verlangen, also eine Trennung von Geschlechtsakt und Zeugungsakt. Das geschieht heute ja schon ganz allgemein, aber leider aus allen möglichen anderen, nur nicht eugenischen Gründen.

Ich glaube nun aber, daß auch die schlimmsten erbuntüchtigen Elemente zu eugenischem Handeln zu bringen sein werden, wenn ihnen u. a. klar gemacht wird, daß nur Verzicht auf Fortpflanzung, nicht aber auf Geschlechtsgenuß überhaupt von ihnen verlangt wird. Es dürfte wohl niemandem der Nachweis gelingen, daß die erblich Minderwertigen an und für sich eine größere Neigung zu bewußter und gewollter Fortpflanzung hätten. als die erblich brauchbaren Bevölkerungsanteile. Die von der Bevölkerung allgemein als Vorteil empfundene Befreiung von der Last der Nachkommenschaft ist auch in den Augen der Erbminderwertigen so groß, daß sie sich gewiß den Ratschlägen eines für sie erleichterten Präventivverkehrs gegenüber nicht ablehnender verhalten werden, als andere Bevölkerungsschichten. Nur müßte man gediegen aufklären und alle Verbote gegen die Anwendung harmloser aber wirksamer Mittel der Kinderverhütung aus eugenischen Gründen aufgeben. Die Fortpflanzung unterliegt doch in praxi längst willkürlicher Regelung, und kein Gesetz, keine Polizei, selbst keine konfessionelle Einstellung, hat uns gegen die rein egoistische Betätigung der Geburtenbeschränkung geholfen. Wir fordern an Stelle der rein egoistischen und individuellen Prävention, insofern diese nicht zur Rettung des Lebens der Frau dient, die eugenische, erbbiologisch indizierte Prävention.

Denn die Erblichkeit als Ursache von Leiden und Entartung bekämpft man nur wirksam auf dem Wege der sexuellen Enthaltsamkeit, der Sterilisation und des Präventivverkehrs. Andere Wege gibt es nicht, darüber muß man sich prinzipiell klar sein.

Der Vorschlag der Eugeniker geht also dahin, es möchten auch die psychischen Hygieniker diese genannten eugenischen Methoden je nach Zweckmäßigkeit und Weltanschauung in der Praxis empfehlen und anwenden bei allen Menschen, welche nachweisbar mit einer hohen Wahrscheinlichkeit Träger von Anlagen zu erblichen Psychosen und Abnormitäten sind.

Zum Schluß glaube ich, kann man nach reiflicher Überlegung aller Umstände getrost behaupten, daß die Erfolge der psychischen Hygiene um so größer und befriedigender sind und sein werden, je mehr sie ihre Erziehungs- und Heilungsversuche an erblich einwandfreiem Menschenmaterial vornehmen kann. Psychische Hygiene an erblich Minderwertigen ist zwar unbedingt notwendig, aber Sisyphus-Arbeit, psychische Hygiene an erblich Gesunden jedoch ist bleibender Segen.

Und so wird nach den vorgetragenen Richtlinien kein Einsichtiger bestreiten können, daß psychiatrische Eugenik betrieben werden muß. Jedes Volk, jede Rasse hat dieses Interesse. Die spezielleren Anhaltspunkte dafür, wo im Einzelfalle Verzicht auf Nachkommenschaft, wo umgekehrt eine ausreichende Kinderzahl verlangt werden muß, kann die feinere Ausarbeitung der modernen empirischen Erbprognoseberechnung an die Hand geben. Wir haben daher allen Grund, den weiteren Ausbau derselben mit allen Kräften zu unterstützen.

Die Sterilisierung aus psychiatrisch-eugenischer Indikation.

Von Priv.-Doz. Dr. **Hans Luxenburger,** Wissenschaftliches Mitglied der Deutschen Forschungsanstalt f. Psychiatrie (Kaiser-Wilhelm-Institut), München.

I.

Daß die eugenische Prophylaxe ein wichtiges Glied der psychohygienischen Prophylaxe überhaupt darstellt, wird heute niemand mehr bezweifeln. Sie ist, was die psychischen Erbleiden und Anomalien anlangt, die Prophylaxe schlechtweg. Wohl haben neuere Forschungen, insbesondere solche zwillingspathologischer Natur, gelehrt, daß die Manifestationswahrscheinlichkeit der wichtigsten Erbpsychosen wahrscheinlich keine hundertprozentige, die Penetranz der pathologischen Gene keine absolut große ist, so daß man damit rechnen muß, daß eine nicht unerhebliche Zahl von Menschen, die erbmäßig zur Erkrankung disponiert sind, in Wirklichkeit Zeit ihres Lebens von der Krankheit verschont bleiben. Wohl haben wir Veranlassung, anzunehmen, daß Außenfaktoren, die grunsätzlich beeinflußbar sind, für die Manifestation der Anlage eine Rolle spielen. Wohl können wir also hoffen, daß in Zukunft der individuellen Prophylaxe und auch der Therapie der Erbpsychosen Erfolge kausaler Art beschieden sein werden. Trotzdem aber wird die eugenische Prophylaxe nie entbehrlich sein, da auch die erfolgreichsten individualtherapeutischen Maßnahmen immer nur die Krankheit und nicht die Anlage, nie den Genotypus, sondern nur den Phänotypus treffen werden, so daß auch der Mensch, bei welchem es gelang, durch psychohygienische Maßnahmen den Ausbruch der Erkrankung zu verhindern oder heilend in den Ablauf des Krankheitsprozesses einzugreifen, in gleicher Weise geeignet ist, die entartete Anlage weiterzugeben wie der manifest Kranke[1]).

In gleicher Weise? Hier muß ich mich verbessern. Er wird eher häufiger in der Lage sein, dies zu tun. Je erfolgreicher die prophylaktischen und therapeutischen Maßnahmen sind und je frühzeitiger dieser Erfolg eintritt, um so größer ist naturgemäß

---

[1]) Ausführliche Darstellung in meiner Schrift: »Psychiatrische Heilkunde und Eugenik«, Berlin und Bonn 1932, F. Dümmlers Verlag.

die Aussicht, daß die Fruchtbarkeit der genotypisch Kranken sich derjenigen des Durchschnitts nähert oder sie übertrifft. Zu diesem Ende sind aber nicht einmal kausale Prophylaxe und Therapie notwendig; auch Erfolge rein symptomatischer Natur, welche — prophylaktisch — den Beginn der schwereren klinischen Zustandsbilder hinauszögern oder — therapeutisch — soziale Besserungen hervorrufen, können durch Erhaltung oder Wiederherstellung der sozialen Anpassung dazu beitragen, die eugenische Situation zu verschlechtern. Daß die Bestrebungen der Psychischen Hygiene, insbesondere die Beschäftigungsbehandlung und die nachgehende Fürsorge, die Psychotherapie des neurotischen Überbaus der Erbpsychosen, in geringerem Maße auch gewisse vorbeugend wirkende Maßnahmen höchst beachtenswerte symptomatische Erfolge den Erbpsychosen gegenüber gezeitigt haben, brauche ich in diesem Kreise wohl nicht näher auszuführen. Auf ihnen beruht ja, wenn man von der Fieberbehandlung der Paralyse absieht, in erster Linie der Fortschritt der modernen psychiatrischen Therapie. Es ist also doch wohl ganz selbstverständlich, daß die Psychohygiene die eugenische Prophylaxe der Erbkrankheiten in ihr Programm einbaut und ihr eine überragende Rolle bei der Bekämpfung der psychischen Erbschäden zuerkennt.

Prophylaxe ist das Streben nach Verhinderung eines unerwünschten Zustandes, dessen Auftreten man mit guten Gründen als drohend bezeichnen kann. Die eugenische Prophylaxe wird sich also bemühen, den unerwünschten Zustand der Weitergabe entarteter Anlagen an die kommenden Generationen nach Möglichkeit zu verhindern. Völlig unterbinden wird sie diese Weitergabe nie können, da wir insbesondere bei rezessiv gehenden Erbleiden immer damit rechnen müssen, daß Träger entarteter Anlagen unerkannt bleiben und sich dem Zugriff auch der aktivsten Eugenik entziehen. Weitgehend wird jedoch die Ausbreitung der Erbkrankheit dadurch einzudämmen sein, daß man die Kranken selbst an der Fortpflanzung hindert, da sowohl erwartungs- als auch erfahrungsgemäß die Quote der Anlageträger unter ihren Nachkommen ganz besonders hoch ist.

II.

Theoretisch stehen der eugenischen Prophylaxe mehrere Wege zur Verfügung. Es frägt sich nur, ob sie den Kranken gegenüber mit genügender Aussicht auf Erfolg beschritten werden können. Nicht alle Maßnahmen, die beim nicht-geisteskranken Anlageträger ausreichend sind, werden den Situationen gerecht, die durch die Eigenart der psychisch Abnormen, insbesondere der Geisteskranken geschaffen werden.

Hier ist in erster Linie die Eheberatung zu nennen. Über die allgemeinen Aufgaben der Eheberatung, ihre Praxis und ihre Leistungen und Aussichten werden Sie von berufener Seite hören. Ich persönlich bin der Ansicht, daß die psychiatrische Eugenik und mit ihr die Psychische Hygiene auf die beratende Tätigkeit nicht verzichten darf, wenn auch die Erfolge so sehr oft recht wenig ermutigend sind. Der Personenkreis aber, an den sich die Beratung mit einiger Aussicht auf günstige Ergebnisse wenden kann, ist doch recht eng zu ziehen. Die Kranken selbst, unter deren Nachkommen die größte Zahl von Anlageträgern zu erwarten ist, dürften nur in Ausnahmefällen als taugliche Objekte für die Eheberatung in Frage kommen. Eher wird sie sich an die nicht erkrankten Anlageträger wenden können. Hier trübt aber der Umstand wieder die günstigere Prognose, daß es sich bei den Personen, die wir als Anlageträger zu erkennen vermögen, zum großen Teil um Psychopathen handelt, deren seelische Artung nicht so beschaffen ist, daß man sich von beratenden Maßnahmen einen erheblichen Erfolg versprechen kann; man denke nur an Hypomanische und an gewisse Typen schizoider Prägung. Die Hauptaufgabe der Eheberatung scheint mir darin zu liegen, daß sie gesunde Menschen aus erbgesunder Familie vor dem Einheiraten in entartete Stämme zu bewahren sucht. Die Kranken selbst und ihre psychopathischen Verwandten sind in der Regel keine tauglichen Objekte für die Eheberatung.

Ähnliche Bedenken müssen wir gegenüber den gesetzlichen Eheverboten für Erbkranke und bestimmte Personen aus ihrer Verwandtschaft geltend machen. Wohl können Verbindungen, die vor dem Gesetz als Ehe anerkannt sind, durch sie verhindert werden. Nicht betroffen werden aber die außerehelichen Zeugungen und es ist sehr leicht möglich, daß in vielen Fällen die eugenisch unerwünschte Ehe durch das sowohl eugenisch als auch sozial und moralisch unerwünschte Konkubinat ersetzt würde. Auch hier wären es wohl gerade wieder die geheilten oder gebesserten Kranken oder die Träger latenter Anlagen, welche außerhalb der verbotenen Ehe für die Weitergabe des entarteten Erbguts Sorge tragen würden.

Es scheinen heute wieder die Stimmen zuzunehmen, die auch in bezug auf die Kranken einer eugenischen Regelung des Präventivverkehrs das Wort reden und von ihm eine ausreichende Sicherung der kommenden Generationen erwarten. Ich kann mich damit nicht befreunden. Präventivmaßnahmen müssen, zum mindesten soweit sie den Mann angehen, in einer Situation getroffen werden, in welcher man bei psychisch Abnormen — von Geisteskranken ganz zu schweigen — kaum jene Bereitschaft zur vernunftgemäßen Überlegung voraussetzen kann, die eine richtige Handhabung der Präventivmaßnahmen oder schon ihre Handhabung an sich erfordert. Es ist nicht anzunehmen, daß der gebesserte Schizophrene, der Hypomanische, der Schwachsinnige einen geplanten Koitus unterläßt oder einen schon eingeleiteten abbricht, nur weil er keine Präventivmittel zur Hand hat. Von der großen Gefahr, die darin liegt, daß uns die Propaganda für eine eugenisch kontrollierte Prävention, aus der Hand gleitet und der wilden Prävention aus wirtschaftlichen Erwägungen oder Bequemlichkeitsgründen, der Prävention der erbbiologisch Hochwertigen Vorschub leistet, will ich hier nicht sprechen. Auch die Prävention in Form der periodischen Enthaltung etwa nach der Methode *Ogino-Knaus* kommt für psychisch Abnorme kaum in Frage. Sie setzt eine außerordentlich gewissenhafte Buchführung über den menstruellen Zyklus und sehr viel Selbstzucht voraus. Außerdem ist sie von gynäkologischer Seite als sicheres Mittel zur Empfängnisverhütung durchaus nicht allgemein anerkannt.

Die Schwangerschaftsunterbrechung aus eugenischer Indikation wäre, auch wenn das Gesetz sie einmal gestatten sollte, ein untaugliches Mittel für unsere Zwecke. Ihr Effekt steht, da sie nur eine einzige unerwünschte Geburt verhindert, in keinem Verhältnis zur Schwere des Eingriffs. Der Grundsatz, eugenisch indizierte Eingriffe nur am Minderwertigen selbst vorzunehmen, müßte beim Abort in etwa der Hälfte der Fälle durchbrochen werden. Außerdem sollte man daran festhalten, daß ein werdendes Leben nur dann vernichtet werden darf, wenn durch seine Zerstörung und nur durch sie ein anderes Leben erhalten werden kann. Schließlich sei noch darauf hingewiesen, daß große Gefahr besteht, durch Anerkennung der eugenischen Indikation einer versteckten Sozialindikation zur Straffreiheit zu verhelfen. Ich kenne nur eine Belastungskonstellation, bei welcher, rein eugenisch gesehen, die Unterbrechung einen Sinn haben könnte: Wenn beide Eltern des werdenden Kindes an der gleichen, eugenisch verhängnisvollen Anomalie litten oder nach der Erblage der entsprechende Genotypus bei ihnen vorausgesetzt werden müßte, die Mutter eine infauste Prognose besäße, das Erbleiden dem rezessiven Erbgang folgte und eine Sterilisierung beider Teile sich an die Unterbrechung anschlösse.

Über schwere eugenische Sorgen würde uns ein Ausbau der Internierung erblich Geisteskranker hinweghelfen. Würden wir wie die Schwachsinnigen höheren Grades auch die Schizophrenen, Manisch-Depressiven, Epileptiker, die leicht Schwachsinnigen Zeit ihres Lebens in geschlossenen Anstalten oder Kolonien verwahren können, so wäre die Frage aktiver eugenischer Maßnahmen weit weniger brennend. Ein solches Vorgehen macht aber die

Eigenart dieser Krankheiten, ihr regelloser Verlauf, die Neigung zu häufigen und weitgehenden Besserungen völlig unmöglich. Es ist undenkbar, einen Manisch-Depressiven oder einen in guter Remission befindlichen Schizophrenen aus rein eugenischen Erwägungen in der Anstalt festzuhalten. Wir würden die ganze Entwicklung unserer Geisteskrankenfürsorge um ein Jahrhundert zurückschrauben. Die Bestrebungen der psychischen Hygiene und der irrenärztlichen Kunst gehen gerade dahin, den Anstaltsaufenthalt nach Möglichkeit abzukürzen und auch den Erbkranken die Vorteile einer — sei es kausalen oder nur symptomatischen — Therapie zukommen zu lassen. Einen Menschen, bei dem es gelang — und wir müssen damit rechnen, daß es einmal so weit kommt — den Ausbruch einer Erbpsychose zu verhindern, aus eugenischen Gründen zu internieren, wäre vollends sinnlos; dann hätte man ihn ja ruhig seinem Schicksal überlassen können.

Als einzig wirksames Mittel bleibt für die eugenische Praxis die Sterilisierung, d. h. die Unfruchtbarmachung unter Erhaltung der inneren Sekretion der Keimdrüsen. Über die Indikationen zur eugenischen Sterilisierung, die wir in der Psychiatrie heute schon gelten lassen müssen, habe ich Ihnen zu berichten. Das ganze Sterilisierungsproblem selbst wurde 1929 von *Kankeleit* in ausgezeichneter Weise monographisch behandelt[2]); ich kann daher in bezug auf alle Punkte, die hier zu berühren wegen der Kürze der Zeit nicht möglich ist, auf dieses Buch verweisen. Wesentliches hat sich seitdem nur auf dem Gebiete der Indikationsstellung geändert. Ich möchte deshalb ohne Umschweife in mein eigentliches Thema eintreten.

III.

Folgende allgemeine Richtlinie ist festzuhalten:

Sterilisiert sollen nur die zeugungsfähigen Erbkranken selbst werden oder bei Versagen anderer Maßnahmen solche zeugungsfähigen Personen, bei denen man nach der Erblage den Genotypus der Krankheit voraussetzen muß, auch wenn sich die Anlage im Phänotypus nicht oder noch nicht manifestiert hat. Voraussetzung ist in jedem Falle genügend lange Beobachtungszeit und eine Sicherheit der Diagnose, die wirklich begründete Zweifel nicht aufkommen läßt.

Von den Erbkrankheiten interessiert natürlich in erster Linie die Schizophrenie. Wenn auch wohl feststeht, daß es sich bei den Fällen, die wir heute in der psychiatrischen Praxis »Schizo-

---

[2]) O. *Kankeleit*, Die Unfruchtbarmachung aus rassenhygienischen und sozialen Gründen. München 1929.

phrenie« nennen, nicht immer um das erbliche Merkmal »Schizophrenie« handelt, so müssen wir doch in der Eugenik mit dem klinischen Begriff arbeiten, da im Einzelfall die Trennung der erblichen von den nichterblichen Fällen nicht gelingt. Ich kann hier das Wort eines auf eugenischen Übereifer sicherlich nicht verdächtigen Klinikers, nämlich *Bumkes*, anführen, der sagt[3]): »Bei der Schizophrenie würde ich die Frage, ob sie auch ohne erbliche Ursache auftreten kann, in diesem Zusammenhange für nicht erheblich halten; oder anders ausgedrückt: ließe sich durch die Sterilisierung gerade die Krankheit beseitigen, die die meisten Plätze in den Irrenanstalten in Anspruch nimmt, so würde ich die Sterilisierung des einen oder andern Kranken, der seine Schizophrenie nicht ererbt hätte, schon deshalb ruhig mit in den Kauf nehmen, weil er ja seine Kinder doch nicht zweckmäßig erziehen kann«. Wie stark die Nachkommenschaft der Schizophrenen gefährdet ist, haben Sie soeben gehört; gelänge es, die erblichen Fälle völlig zuverlässig von den nichterblichen zu trennen, so würden die Ziffern wohl noch höher zu liegen kommen. Die Indikation zur Sterilisierung ist hier zweifelsohne gegeben.

Nun dürften aber von allen erbgutmäßig zur Schizophrenie veranlagten Menschen, die das Gefährdungsalter erreichen, nur etwa 65—70% im Laufe ihres Lebens wirklich erkranken. Selbst von den Personen, welche die Gefährdungsperiode überleben, also das Alter erreichen, jenseits dessen Ersterkrankungen an Schizophrenie nicht mehr beobachtet zu werden pflegen, erkrankt ein Teil nicht mehr. Wir können deshalb nicht mit einer Manifestationswahrscheinlichkeit von 100% rechnen, sondern nur mit einer solchen, die sich je nach dem Durchschnittsalter der Bevölkerung zwischen 65% und einem höheren Wert halten wird, ohne aber den Wert 100% zu erreichen. Es wird innerhalb der gesamten fortpflanzungsfähigen Altersperiode Menschen geben, die phänotypisch gesund, aber genotypisch den Kranken gleich zu erachten sind. Diese Personen können wir dann erfassen, wenn sie Kinder schizophrener Elternpaare sind, unter denen ja 100% schizophrene Genotypen erwartet werden müssen, oder aber wenn sie ein erbgleiches Zwillingsgeschwister besitzen, bei welchem sich die Krankheit manifestiert hat. Die Partner eineiiger Zwillinge müssen als erbgleich angesehen werden. Ob wir allerdings in jedem Falle die Eiigkeit richtig zu bestimmen vermögen, bleibt bei der Eigenart des psychiatrischen Zwillingsmaterials zu bezweifeln. Über die Größe des etwaigen Fehlers würden Nach-

[3]) Allg. Ztschr. Psychiatr. 96, 372, 1932.

kommenuntersuchungen an solchen als eineiig diagnostizierten Partnern Aufschluß geben, die von der Krankheit freigeblieben sind. Ein solches Material von genügender Größe könnte aber nur im Laufe vieler Jahre beschafft werden. Wir müssen vorerst die Erbgleichheit der als eineiig bestimmten Partner anerkennen und eventuelle Fehldiagnosen mit in Kauf nehmen. Für die Sterilisierung kommen natürlich nur solche eineiige Partner in Frage, bei denen die Eiigkeitsbestimmung nach allen Regeln der Kunst vorgenommen wurde.

Die Indikation zur Sterilisierung ist also außer bei den Schizophrenen selbst noch in folgenden 4 Fällen gegeben:

1. Bei eineiigen Zwillingspartnern von Schizophrenen.
2. Bei Kindern schizophrener Elternpaare.
3. Wenn ein Elter des Probanden schizophren, der andere eineiiger Zwillingspartner eines Schizophrenen ist.
4. Wenn beide Eltern des Probanden eineiige Zwillingspartner von Schizophrenen sind.

Letzterer Fall hat ja wohl nur theoretische Bedeutung.

Bei Blutsverwandten von Schizophrenen, selbst bei ihren Geschwistern, haben wir nach dem heutigen Stande der erbprognostischen Forschungen keine Veranlassung, die Sterilisierung in Erwägung zu ziehen; ich glaube nicht, daß diese Personen jemals für die Sterilisierung in Betracht kommen werden. Das gilt auch für die vermutlichen Träger latenter Anlagen unter ihnen.

Die erbliche Epilepsie brauche ich hier nicht besonders zu behandeln; für sie gilt das gleiche wie für die Schizophrenie. Daß die Trennung der erblichen von den nichterblichen Fällen hier besonders schwierig sein kann, ist eine Angelegenheit der Klinik. Im übrigen darf das oben angeführte Wort *Bumkes* wohl auch auf die Epileptiker angewandt werden.

Beim manisch-depressiven Irresein wird die Entscheidung durch zwei Umstände erschwert: durch die Schwierigkeit, ausgeprägtere Formen zykloider Psychopathie von leichteren manisch-depressiven Psychosen zu trennen und durch die Tatsache, daß in den manisch-depressiven Familien, die ja im Durchschnitt sozial und wirtschaftlich wesentlich höher stehen als etwa die schizophrenen oder besonders die epileptischen, ganz zweifellos zahlreiche sozial und kulturell erwünschte Erbanlagen verankert sind, deren Ausschaltung aus dem durchdauernden Leben nicht im Interesse der Aufartung des Volkes läge. Aus dieser Erwägung heraus und angesichts der Tatsache, daß bei der Vererbung des manisch-depressiven Irreseins dominante Faktoren mit im Spiele sein müssen, also auch unter den Nachkommen manisch-depressiver Elternpaare gesunde Personen erwartet werden dürfen, die nicht den manisch-depressiven Genotypus besitzen, möchte ich bei gesunden Kindern manisch-depressiver Elternpaare nicht die Indikation zur Sterilisierung stellen. Dagegen scheint mir doch in ausgeprägten Fällen manisch-depressiver Geisteskrankheit, bei denen eine Verwechslung mit zykloider Psychopathie nicht zu befürchten ist, sowie bei den eineiigen Zwillingspartnern dieser Kranken die Sterilisierung am Platze zu sein. Wir haben keine Veranlassung, anzunehmen, daß es gerade die Geisteskranken in den manisch-depressiven Sippen sind, die mit Vorliebe das wertvolle Erbgut dieser Stämme weitergeben. Handelt es sich aber um einen besonders hochbegabten Manisch-Depressiven oder stammt ein Manisch-Depressiver von geistig besonders hochstehenden Eltern und hat er wenig oder gar keine Geschwister, so möchte ich meinen, daß bei ihm die Indikation zur Sterilisierung nicht gegeben ist. Wir müssen in den manisch-depressiven Sippen ganz besonders zurückhaltend mit der Unfruchtbarmachung sein, wenn wir nicht mehr Schaden als Nutzen stiften wollen. Gesunde Familienangehörige von Manisch-Depressiven kommen natürlich für die Sterilisierung überhaupt nicht in Frage.

Verhältnismäßig einfach liegen die Dinge beim Schwachsinn. Wenn auch im Einzelfall die Entscheidung oft schwer oder gar nicht zu treffen ist, ob es sich um erblichen oder früh erworbenen Schwachsinn handelt, so muß doch daran festgehalten werden, daß in jedem Fall von angeborenem Schwachsinn die Sterilisierung indiziert ist. Nur die wenigen Fälle wären vielleicht auszunehmen, bei denen sich eine exogene Entstehung zweifelsfrei nachweisen läßt. Und auch das nur dann, wenn man sich ganz streng auf die eugenische Indikation im engeren Sinne festlegen will. Da der Schwachsinn sehr frühzeitig erkennbar ist, die Manifestationswahrscheinlichkeit zu annähernd 100% angenommen werden darf und der Schwachsinn einer Form des rezessiven Erbgangs folgt, wird es außerordentlich selten vorkommen, daß eineiige Zwillingspartner von erblich Schwachsinnigen oder Kinder erblichschwachsinniger Eltern vollsinnige Personen sind. Man wird in diesen Fällen doch immerhin mit der Möglichkeit zu rechnen haben, daß es sich nur scheinbar um erblichen Schwachsinn handelt, und von einer Sterilisierung dieser vollsinnigen Personen lieber absehen. Sie fallen ja auch zahlenmäßig überhaupt nicht ins Gewicht. Dagegen möchte ich, was die Schwachsinnigen selbst betrifft, raten, lieber einmal zu viel als zu wenig sterilisieren; auch dem exogen Schwachsinnigen werden wir aus den verschiedensten Gründen keine Nachkommen wünschen.

Ob wir in klaren Fällen degenerativer hysterischer Veranlagung die Indikation zur Sterilisierung stellen sollen oder nicht, darüber läßt sich heute eine Entscheidung noch nicht treffen. Immerhin erscheint bei Hysterischen mit erblichen Charakterdefekten, Dämmerzuständen und anderen psychotischen Zügen die Sterilisierung als vertretbar, wenn wir auch eine scharfe eugenische Indikation noch nicht stellen können.

Ähnlich verhält es sich mit der Psychopathie. Leider fehlt es mir an Zeit, hier auf Einzelheiten einzugehen. Es sei nur festgestellt, daß für drei Gruppen von Psychopathen die Indikation gegeben ist:

1. Für die schweren psychopathischen Alkoholiker, die *Rüdin* bereits 1903 von der Fortpflanzung auszuschließen empfahl,
2. für die rückfälligen psychopathischen Gewohnheitsverbrecher und
3. für jene gegen jede Therapie refraktären jugendlichen Anankasten, die später sehr häufig zu Schizophrenen werden.

Auch hier ist die Ausdehnung der Indikation auf die eineiigen Zwillingspartner durchaus gerechtfertigt.

So sehr es im Interesse einer Ausrottung der Anlage zum erblichen Veitstanz läge, daß sich alle Kinder von Erbchoreatikern sterilisieren ließen, so können wir angesichts der Tatsache, daß durchschnittlich etwa die Hälfte der Nachkommen keimgesund ist, doch nicht die Indikation zur Sterilisierung für sie gelten lassen. Die Kranken selbst aber kommen meist sehr bald nach Erkennbarkeit des Leidens für die Fortpflanzung nicht mehr in Frage; immerhin möchten wir doch empfehlen, jeden Kranken, dessen Diagnose feststeht, unfruchtbar zu machen. Nach den neuesten Forschungen scheint es nicht ausgeschlossen zu sein, daß es einmal möglich sein wird, die neurologische Diagnose der Chorea Huntington schon frühzeitig zu stellen, bzw. den Genotypus schon längere Zeit vor der Manifestation der Krankheit zu erkennen. Das wäre natürlich ein großer Gewinn für die Eugenik.

Die übrigen erblichen Geistesstörungen sind entweder zu selten oder zu ortsgebunden, als daß sie für die praktische Eugenik wirklich ernsthaft in Frage kämen — z. B. die Myoclonusepilepsie — oder aber es schalten sich die Kranken selbst von der Fortpflanzung aus wie bei der Amaurotischen Idiotie oder der Pelizäus-Merzbacherschen Krankheit.

IV.

Im ganzen kann gesagt werden:

Es ist, wenn man bedenkt, daß mindestens 10‰ aller Erwachsenen an einer erblich bedingten Geistesstörung leiden dürften, doch eine verhältnismäßig große Zahl von Menschen, bei denen wir auch bei aller gebotenen Zurückhaltung die eugenische Indikation zur Sterilisierung zu stellen haben. Wir werden um diese einschneidendste und wirksamste eugenische Maßnahme nicht herumkommen.

Daß unser heute noch geltendes Strafgesetz die Sterilisierung aus eugenischer Indikation zur qualifizierten Körperverletzung rechnet, steht ungeachtet aller Versuche, um diese bittere Erkenntnis herumzumanöverieren, doch wohl außer Zweifel. Die §§ 224 und 225 RStG. und ihre Kommentare sprechen eine klare und eindeutige Sprache. Wir werden darüber ja von sachkundiger Seite hören. Ebenso werden wir erfahren, daß die Entwürfe für ein neues Deutsches Strafgesetzbuch der eugenischen Indikation nur eine sehr bedingt tragfähige Rechtsgrundlage schaffen. Was wir fordern müssen, ist eine juristisch absolut sichere gesetzliche Basis, die keinerlei verschiedene Deutungen und Auffassungen zuläßt. Es kann sich hier nur um ein Ja oder Nein handeln, um ein Erlaubt oder Verboten. Für Auslegungskunststücke darf die Gesetzgebung keine Veranlassung und keine Möglichkeiten bieten.

Daß heute auch ohne klare gesetzliche Grundlagen aus eugenischer Indikation sterilisiert wird, wissen wir alle. Ich kann mich mit dieser Übung nicht befreunden. Die Stoßkraft unserer auf die Legalisierung der künstlichen Unfruchtbarmachung abzielenden Bestrebungen, erfährt durch eine solche Praxis zweifellos eine Beeinträchtigung, und zwar um so mehr, je weniger Schwierigkeiten die Behörden dieser Tätigkeit machen, je fester der Staatsanwalt das bekannte eine Auge zudrückt. Bei aller Anerkennung des Mutes und der Überzeugungstreue derjenigen Ärzte, die — sei es im oft schwer errungenen Einverständnis mit den Behörden oder allein gestützt auf das Vertrauen zur gerechten Sache und die Anerkennung, die eine gute Tat bei allen Gutgesinnten finden sollte — die Sterilisierung heute schon ausführen, bin ich kein Freund des Vorschusses auf künftige Möglichkeiten. Wir sollten lieber vorerst auf die Sterilisierungspraxis verzichten und unsere Anstrengungen verdoppeln, unser erbprognostisches Wissen weiter zu vertiefen, um — gestützt auf dieses Wissen — der eugenischen Indikation endlich ihre gesetzliche Anerkennung zu verschaffen. Damit wird der Sache mehr gedient sein als durch gelegentliche Sterilisierungen, über denen stets die Gefahr einer Strafverfolgung schwebt. Ungeduld und

Überrumpelungstaktik haben solchen delikaten Problemen gegenüber, von denen feine Fäden in die verschiedensten Gebiete menschlicher Empfindsamkeit und allzumenschlicher Widerspruchsbereitschaft führen, letzten Endes noch immer versagt. Wir müssen eine Politik der weiten Zielsetzungen treiben und dürfen nicht erwarten, daß Aussaat und Ernte auf einen Tag fallen.

Die einfachste Lösung des Problems wäre ja wohl ein eigenes Sterilisierungsgesetz, das, sei es paragraphiert oder auf dem Wege über Ausführungsbestimmungen, allen Möglichkeiten und Notwendigkeiten Rechnung trüge. Es könnte die eugenischen Indikationen zu gesetzlichen Vorschriften werden lassen in einer Weise, daß die rechtliche Situation an Klarheit nichts zu wünschen übrig ließe. Ich denke hier an ein Blankettgesetz mit variablen Ausführungsbestimmungen im Sinne von *Kohlrausch.*

Wenn ich mich heute nicht mehr zur Zweckmäßigkeit und Wünschbarkeit eines Sterilisierungsgesetzes bekenne, so hat dies seinen Grund darin, daß ich mich mehr und mehr davon überzeugen konnte, daß in weiten Kreisen unseres Volkes und gerade auch in solchen, die den Bestrebungen der Eugenik zustimmend gegenüberstehen, eine tiefgehende Abneigung dagegen lebt, daß der Staat in der Frage der Sterilisierung Vorschriften erläßt, und mit dem Instrumente eines Gesetzes wieder einmal allerpersönlichste, körperliche und seelische Angelegenheiten paragraphiert. Diese zu tiefst im Persönlichkeitsbewußtsein des Menschen und in seinem Selbstgefühl wurzelnde Abneigung ist um so ernster zu nehmen, als sie eine Angelegenheit betrifft, die in stärkstem Maße an dem Gemeinsinn des einzelnen appelliert. Wir werden gerade vom Deutschen nur dann eine aufrichtige kollektivistische Einstellung verlangen können, wenn seiner ausgeprägt individualistischen Grundhaltung keine Gewalt angetan wird.

Jene Abneigung gegen ein förmliches Sterilisierungsgesetz wird noch bestärkt durch Bedenken weltanschaulicher Natur. Für den positiv-katholischen Teil des Volkes haben diese Bedenken eine Formulierung erfahren durch den Spruch seiner höchsten geistigen Autorität. Nur eine Formulierung — vorhanden waren sie ohnedies, wie sie ja auch in manchen nichtkatholischen Kreisen lebendig zu sein scheinen, deren ethische Grundeinstellung sich nicht an materialistischer Weltanschauung orientiert oder nur rein pragmatische Rücksichten kennt.

Der Staat kann nie Ausdruck einer Weltanschauung sein oder eine Weltanschauung gestalten. Er kann in weltanschaulichen Dingen nichts vorschreiben oder verordnen, sondern höchstens etwas in den Rahmen des Erlaubten stellen. Das darf und muß er tun, und daran wird keine Weltanschauung Anstoß nehmen können. Etwas, das vom Gesetze erlaubt ist, wird ja nie gleichzeitig als ethisch erlaubt angesehen werden müssen. Hier steht die letzte Entscheidung beim Gewissen des einzelnen.

Daraus folgt auch, daß die Sterilisierung aus eugenischer Indikation grundsätzlich nur als freiwillige denkbar ist. Zu ihrer Durchführung ist das Einverständnis des Sterilisanden notwendig, das, wenn er sich nicht in der Lage befindet, zu der Frage eine vernunftgemäße Einstellung zu finden, durch das Einverständnis des gesetzlichen Vertreters zu ersetzen ist.

Ich möchte daher meinen, daß das Gesetz in eugenischen Dingen nicht verordnen, sondern lediglich erlauben soll. Der Weg, den die Legalisierung der eugenischen Indikation einzuschlagen hat, geht demnach über die Reform des Körperverletzungsparagraphen. Die Sterilisierung aus eugenischer Indikation muß straffrei werden für den, der sie erleidet, für den, der sie ausführt, und für den, der sie begutachtet.

Vorschläge für eine Neugestaltung des Körperverletzungsparagraphen wurden im Laufe der letzten Jahre genügend gemacht. Ich kann auf sie im einzelnen nicht eingehen. Eine Ergänzung zu dem § 238 des amtlichen Entwurfs eines allgemeinen deutschen Strafgesetzbuchs von 1925, welche der Sterilisierung aus eugenischer Indikation die nötige gesetzliche Grundlage schüfe, könnte etwa folgendermaßen lauten:

»Eine strafbare Körperverletzung liegt nicht vor, wenn auf Grund des Gutachtens eines in Eugenik sachverständigen Arztes ein Facharzt für Chirurgie oder Gynäkologie die künstliche Unfruchtbarmachung (Sterilisierung) mit der Zustimmung des zu Sterilisierenden bzw. bei Unmündigkeit mit der Zustimmung seines gesetzlichen Vertreters vornimmt, um die Weitergabe entarteter Erbanlagen auf kommende Generationen zu verhindern.«

Diese Fassung deckt sich inhaltlich mit den Vorschlägen des sächsischen Landesgesundheitsamtes, der eugenischen Arbeitsgemeinschaft Elberfeld und dem Antrag der Berliner Gesellschaft für Eugenik, der dann von mehreren Ortsgruppen der Deutschen Gesellschaft für Rassenhygiene angenommen wurde.

Der sächsische Vorschlag, der als Ergänzung zum § 224 des geltenden Gesetzes formuliert ist, lautet:

»Eine strafbare Körperverletzung liegt nicht vor, wenn durch einen Arzt zeugungsunfähig gemacht worden ist, wer an einer Geisteskrankheit, einer dieser gleichzuachtenden anderen Geistesstörung oder an einer betätigten schweren verbrecherischen Veranlagung leidet oder gelitten hat, die nach dem Gutachten zweier hierfür amtlich anerkannter Ärzte mit großer Wahrscheinlichkeit schwere Erbschädigungen seiner Nachkommen erwarten läßt.

Der Eingriff muß mit seiner Einwilligung oder bei Unmündigen mit Einwilligung des gesetzlichen Vertreters und in beiden Fällen mit Zustimmung des Vormundschaftsgerichtes vorgenommen worden sein. Als Gutachter können nur gelten ein Psychiater und ein in Eugenik und Rassenhygiene erfahrener Arzt.«

Die »Eugenische Arbeitsgemeinschaft in Elberfeld« hatte 1929 folgenden Antrag gestellt:

»Eingriffe und Behandlungsweisen zum Zwecke der Unfruchtbarmachung von Personen sind, wenn sie nach pflichtmäßigem und wissenschaftlich begründetem Ermessen staatlicher Medizinalbeamter von approbierten Ärzten vorgenommen werden, keine Körperverletzungen oder Mißhandlungen im Sinne dieses Gesetzes.«

Und schließlich der Antrag der Deutschen Gesellschaft für Rassenhygiene (Eugenik):

»Eine Körperverletzung im Sinne dieses Gesetzes liegt nicht vor, wenn ein approbierter Arzt die künstliche Unfruchtbarmachung eines Menschen (Sterilisation) mit dessen Zustimmung vornimmt, weil der Eingriff nach den Regeln der ärztlichen Kunst zur Abwendung einer ernsten Gefahr für das Leben oder die Gesundheit des Betreffenden oder seiner Nachkommen erforderlich ist.«

Die von mir vorgeschlagene Fassung hat m. E. vor dem sächsischen und Elberfelder Entwurf den Vorzug größerer Einfachheit und Klarheit und vermeidet die Verquickung der medizinischen und eugenischen Indikation, welche den zuletzt genannten Vorschlag kennzeichnet. Selbstverständlich muß nicht die Schaffung eines neuen Strafgesetzbuchs abgewartet werden. Die Reform könnte vielmehr auch in Form einer Novelle zum geltenden Gesetz erfolgen, die dann in die Substanz des neuen Strafrechts übernommen würde.

Es wäre verhängnisvoll, sich mit der Zusicherung des amtlichen Entwurfs zu begnügen, daß eine mit Einwilligung begangene Körperverletzung nur dann strafbar sein soll, wenn die Tat gegen die »guten Sitten« verstößt. Eine genaue Aufstellung derjenigen Körperverletzungen, die nicht gegen die guten Sitten verstoßen, könnte in die Ausführungsbestimmungen nicht aufgenommen werden, da der Begriff der »guten Sitten« in praxi zeitgebunden und wie die Denkart der Menschen dem ständigen Wechsel unterworfen ist. Wir brauchen z. B. nur die Sitten vor 200 Jahren mit dem zu vergleichen, was wir heute als »gute Sitte« ansehen. Auf eine klare und unmißverständliche Legalisierung der Unfruchtbarmachung aus eugenischer Indikation dürfen wir nicht verzichten, wenn wir nicht Gefahr laufen wollen, daß die alte Rechtsunsicherheit in neuem Paragraphengewande weiterlebt.

Die Eugenik und mit ihr die Idee der Unfruchtbarmachung erblich Geisteskranker darf nicht zum Programm einer politischen oder weltanschaulichen Richtung werden. Sie ist eine Lebensfrage und damit Ehrensache des ganzen Volkes. Den Kampf um eine eugenisch orientierte Reform des Körperverletzungsparagraphen kann und muß jeder um unsere Zukunft besorgte Deutsche mitkämpfen, gleichgültig zu welcher politischen Partei oder zu welcher Weltanschauung er sich bekennt. Gelingt es uns, in der von mir vorgeschlagenen oder in einer sachlich mit diesem Vorschlag übereinstimmenden Weise der Sterilisierung aus eugenischer Indikation das Odium der Körperverletzung zu nehmen, so können wir guten Gewissens auf ein Sterilisierungsgesetz verzichten, dessen Bestimmungen — darauf möchte ich noch einmal hinweisen — für einen großen Teil unseres Volkes und zwar gerade für den Teil, der heute noch relativ am fruchtbarsten, also in erster Linie der Stammvater der kommenden Generationen ist, nie den lebendigen Ausdruck seines inneren Rechtsempfindens darstellen könnten, weil sie mit seiner Weltanschauung nicht in Einklang zu bringen wären.

Wir haben uns von der Notwendigkeit und Dringlichkeit der Sterilisierung aus eugenischer Indikation überzeugt, wir können einige dieser Indikationen heute schon befriedigend stellen, wir sehen einen sicheren und gut gangbaren Weg zur gesetzlichen Anerkennung: der Gesetzgeber wird nun endlich einmal handeln müssen.

Die juristischen Gesichtspunkte für die psychiatrische Eugenik im geltenden und kommenden Recht.

Von

Oberreichsanwalt i. R. Professor Dr. Dr. **Ludwig Ebermayer,** Leipzig.

Das bürgerliche Recht bietet wenig Beziehungen zur psychiatrischen Eugenik; um so mehr das öffentliche Recht, insbesondere das Strafrecht. Die Beziehungen zu letzterem sind zweifacher Art: die eugenische und erbbiologische Forschung kann der Strafrechtspflege nach verschiedener Richtung wertvolle Dienste leisten, andrerseits kann das Strafgesetz die Erreichung der Ziele der eugenischen und erbbiologischen Forschung fördern. In der erstgenannten Richtung kommt in Betracht die Strafbemessung und der Strafvollzug. Soll die Strafe nicht nur vergelten, wie man früher annahm, sondern soll sie gleichzeitig und in gleichem Maße den Zwecken der Erziehung, Besserung und Sicherung dienen, wie jetzt mehr und mehr anerkannt wird, so ist bei Bemessung von Art und Höhe der Strafe weit mehr als es bisher geschah und noch geschieht die Persönlichkeit des Täters neben der objektiven Schwere der Tat und ihrer Folgen zu berücksichtigen und gerade bei dieser Berücksichtigung der Persönlichkeit kann die eugenische und erbbiologische Forschung den Richter aufs wertvollste unterstützen.

In vielleicht noch erhöhtem Maße ist das der Fall beim Strafvollzug. Verfolgt dieser den Zweck, auf den Gefangenen erziehend und bessernd zu wirken, ihn soweit möglich wieder zu einem brauchbaren Glied der menschlichen Gesellschaft zu machen, so ist in erster Linie genaue Kenntnis seiner Person, seiner Herkunft usw., seiner gesamten körperlichen und geistigen Beschaffenheit nötig und diese kann die eugenische und erbbiologische Forschung am besten verschaffen. Nirgends wurde dies wohl besser erkannt als im Zuchthaus Straubing, wo unter Führung *Viernsteins* schon seit geraumer Zeit die eugenische und erbbiologische Forschung in den Dienst des Strafvollzugs gestellt wird.

Andrerseits kann die Strafgesetzgebung die Ziele der Eugenik und Erbbiologie fördern, einmal in der Richtung, daß sie bestimmte Handlungen verbietet und unter Strafe stellt, die geeignet sind, die erbgesunde Familie durch das Einbrechen der erblichen Belastung oder Minderwertigkeit zu schädigen; sodann, indem es Handlungen straffrei läßt, die darauf abzielen, die Entstehung erblicher Belastung, die Erzeugung und Fortpflanzung minderwertigen Nachwuchses zu verhindern.

In der erstgenannten Richtung kommen eine Reihe strafgesetzlicher Bestimmungen aus dem Abschnitt der Sittlichkeitsverbrechen in Frage: Notzucht, Doppelehe, Ehebruch, Blutschande, Schändung, Verführung, sodann gewisse Delikte gegen die persönliche Freiheit wie Entführung wider Willen, ferner die Bestimmungen der §§ 5, 6 des Geschlechtskrankheitenges. vom 18. 2. 27, die dem Geschlechtskranken den geschlechtlichen Verkehr und unter Umständen die Eheschließung bei Strafe verbieten.

In der zweiten Richtung, soweit es sich also darum handelt, gewisse, sittlich vielleicht nicht zu billigende Handlungen zu gestatten, die dazu dienen sollen, die Entstehung erblicher Belastung, die Erzeugung und Fortpflanzung eines minderwertigen Nachwuchses zu verhindern, spielen die hauptsächlichste Rolle die Abtreibung und die Sterilisierung.

Vielfach wird verlangt, die Abtreibung schlechthin oder doch in den ersten drei Monaten der Schwangerschaft freizugeben. Letzterer Forderung steht schon das Bedenken gegenüber, daß sich häufig nicht wird feststellen lassen, ob die Schwangerschaft nicht schon länger als drei Monate besteht.

Gegen die Freigabe der Abtreibung schlechthin bestehen die erheblichsten Bedenken. Die Leibesfrucht ist nicht, wie zuweilen behauptet wird, ein Teil des Körpers der Schwangeren, über den diese wie über andere Körperteile frei verfügen kann, sondern von Anfang an ein selbständiges Lebewesen, das vom Staate Rechtsschutz verlangen kann und erhalten muß. Auch der Einwand versagt, daß das Verbot der Abtreibung die Schwangere veranlasse, selbst abzutreiben oder die Dienste des Kurpfuschers in Anspruch zu nehmen, und dadurch ihre Gesundheit schädige, während bei Freigabe die Abtreibung durch den Arzt ohne Schädigung der weiblichen Gesundheit geschehen würde. Es ist anerkannt, daß die Unterbrechung der Schwangerschaft, auch wenn sie kunstgerecht durch den Arzt geschieht, ein keineswegs harmloser Eingriff ist; außerdem aber ist gar nicht daran zu denken, daß gerade die Frauen aus den breiten Volksschichten nach Freigabe der Abtreibung sich stets an den Arzt wenden. Sie treiben nach wie vor selbst ab oder gehen zum Pfuscher, schon, weil sie glauben, dort billiger wegzukommen und weil er ihnen persönlich näher steht. Wenn man weiter darauf hinweist, daß nur eine geringe Zahl der tatsächlich erfolgenden Abtreibungen den Strafverfolgungsbehörden zur Kenntnis kommt, so ist das richtig, spricht aber nicht für eine Freigabe der Abtreibung; mit demselben Recht könnte man verlangen, den Diebstahl straflos zu lassen, denn es werden Tausende von Diebstählen begangen, die ohne strafrechtliche Sühne bleiben. Eine Strafloslassung der Abtreibung würde auch zu einer bedenklichen Verwilderung der Sitten und zu einer unerträglichen Hemmungslosigkeit des Geschlechtsverkehrs führen. Ist sonach die Freigabe der Abtreibung abzulehnen, so muß doch die Möglichkeit gegeben werden, daß der Richter der Eigenart des einzelnen Falles weitgehend Rechnung zu tragen in der Lage ist. Diesem Erfordernis genügt die Novelle vom 18. Mai 1926 und noch mehr der Entwurf eines neuen Deutschen Strafgesetzbuchs, wonach die Möglichkeit gegeben ist, bis zu einem Tag Gefängnis oder 3.— M. Geldstrafe herabzugehen, in besonders leichten Fällen sogar ganz von Strafe abzusehen. So sieht in Wirklichkeit der berüchtigte »Zuchthausparagraph« 218 vor.

Neben einem elastischen Strafmaß muß aber das Gesetz auch dafür sorgen, daß die Unterbrechung der Schwangerschaft durch den Arzt, um das Leben der Mutter zu retten oder sie vor schwerer Gesundheitsbeschädigung zu bewahren, also die Unterbrechung aus medizinischer Indikation straflos bleibt. Ein Urteil des 1. Strafsenats des Reichsg. vom 11. 3. 27 hat hier Abhilfe geschaffen und der obenerwähnte Entwurf enthält sogar eine Sonderbestimmung, die in solchen Fällen dem Arzt Straffreiheit zusichert.

Die Abtreibung aus sozialer oder eugenischer Indikation bleibt nach wie vor verboten. Man könnte im Zweifel sein, ob nicht in besonders gelagerten Fällen — z. B. bei großer Armut und hoher Kinderzahl — eine Abtreibung gestattet werden könnte, allerdings nur unter weitgehenden Kautelen, die gegen Mißbrauch schützen. Da solche kaum geschaffen werden können, empfiehlt sich eine Freigabe nicht.

Ob die Abtreibung aus eugenischer Indikation freizugeben ist, bestimmt sich danach, ob die Erblehre schon weit genug entwickelt ist, um im einzelnen Fall mit Sicherheit feststellen zu können, daß eugenische Rücksichten die Abtreibung nötig machen. Die Meinungen der Eugeniker selbst scheinen in dieser Richtung noch auseinanderzugehen.

Neben der Abtreibung kommt die Sterilisierung — nicht zu verwechseln mit der Kastration — in Betracht. Gegenüber der

Abtreibung darf nicht übersehen werden, daß es sich bei dieser um die Vernichtung schon bestehender Lebewesen handelt, bei der Sterilisierung um die Verhinderung der Entstehung von Lebewesen. Sie wird also von vornherein in weiterem Umfang gesetzlich zugelassen werden können als die Abtreibung.

Die Sterilisierung ist nach geltendem Recht nur dann straffrei, wenn sie lediglich aus medizinischer Indikation mit Einwilligung des zu Sterilisierenden oder seines gesetzlichen Vertreters geschieht. Sterilisiert der Arzt ohne oder gegen den Willen, so macht er sich strafbar, auch wenn er lediglich zu Heilzwecken tätig wird. So die reichsgerichtliche Rechtsprechung, die allerdings vielfach angefochten wird. Der Entwurf beseitigt diesen Rechtszustand, indem er den ausschließlich zu Heilzwecken kunstgerecht vorgenommenen ärztlichen Eingriff in keinem Fall als Körperverletzung ansieht und den ohne oder gegen den Willen des Kranken handelnden Arzt nur wegen eigenmächtiger Heilbehandlung bestraft.

Die Sterilisierung aus anderer als medizinischer Indikation — also etwa aus sozialer oder eugenischer — ist nach geltendem Recht als schwere Körperverletzung nach §§ 224, 225 StGB. strafbar auch dann, wenn sie mit Einwilligung des Kranken oder seines Vertreters geschieht. Dies wird von Ärzten und Laien und auffallenderweise auch zuweilen von den Gerichten — besonders den Vormundschaftsgerichten — verkannt, unterliegt aber nach der Rechtsprechung des Reichsgerichts kaum einem Zweifel, denn die Einwilligung in eine Körperverletzung macht diese nur dann straflos, wenn es sich um eine leichte, nur auf Antrag zu verfolgende Körperverletzung nach § 223 StGB., oder um einzelne Formen der gefährlichen Körperverletzung nach § 223a handelt, nicht aber bei schweren Körperverletzungen nach §§ 224, 225 StGB., zu denen die Sterilisierung zählt.

Es fragt sich, ob dieser Rechtszustand aufrecht erhalten werden soll. Man könnte sich wohl Fälle denken, in denen es angezeigt erschiene, eine Sterilisierung aus sozialer Indikation — immer mit Einwilligung des anderen Teiles — straflos zu gestatten, z. B. wenn eine in ärmlichsten Verhältnissen lebende Frau, die schon eine große Anzahl Kinder hat, den Arzt bittet, sie zu sterilisieren, um vor weiterem Kindersegen bewahrt zu bleiben. Natürlich müßten die nötigen Kautelen gegen Mißbrauch getroffen, die Entscheidung könnte nicht dem einzelnen Arzt überlassen werden.

Auch straflose Sterilisierung aus eugenischer Indikation könnte in Frage kommen, wenn im einzelnen Falle nach dem

Urteil der Sachverständigen mit Sicherheit festgestellt werden könnte, daß eugenische Gründe die Sterilisierung fordern.

Der Entwurf des neuen Deutschen Strafgesetzbuchs zeigt in § 264 einen gangbaren Weg, der dazu führt, die Sterilisierung aus sozialer oder eugenischer Indikation in Fällen, in denen die Straflosigkeit angezeigt erscheint, straflos zu lassen. Er bestimmt, daß eine Bestrafung wegen Körperverletzung nicht eintritt, wenn die Körperverletzung mit Einwilligung des Verletzten geschieht und die Tat nicht trotz der Einwilligung gegen die guten Sitten verstößt. Wird diese Bestimmung Gesetz, so ist die Möglichkeit gegeben, die aus sozialer und eugenischer Indikation geschehende Sterilisierung in den Fällen, in denen es angezeigt erscheint, straflos zu lassen. In dem oben erwähnten Falle der stark mit Kindern behafteten armen Frau würde die mit Einwilligung vorgenommene Sterilisierung eben nicht gegen die guten Sitten verstoßen, also straflos sein, während sie strafbar bleiben würde, wenn sie an einer gesunden, gebärfähigen, mit den für den Unterhalt der Kinder nötigen Mittel ausgestatteten Frau vorgenommen wird, weil es dieser unbequem ist, Kinder zu bekommen. Ebenso würde die Sache bei der eugenischen Indikation liegen. Haben die Sachverständigen mit Sicherheit festgestellt, daß ein minderwertiger, erbbelasteter Nachwuchs zu erwarten ist, so läge in der mit Einwilligung erfolgenden Sterilisierung kein Verstoß gegen die guten Sitten.

Die Zwangssterilisierung ist abzulehnen. Sie ist in einer Reihe nordamerikanischer Staaten eingeführt, auch der Kanton Waadt in der Schweiz soll sie kennen. Zu ihrer Rechtfertigung weist man auf die ungeheueren Nachteile hin, die für die Allgemeinheit aus der Fortpflanzung verbrecherisch veranlagter oder anderweitig belasteter Personen und aus der Sorge für ihren in der Regel sehr zahlreichen Nachwuchs erwachsen. Zahlen, die in dieser Richtung angeführt werden, geben zu denken. Trotzdem kann die Zwangssterilisierung nicht befürwortet werden. Man verfolgt mit ihr einen doppelten Zweck. Einmal soll sie Sittlichkeitsverbrecher von weiteren Verbrechen abhalten. Diesen Zweck erreicht sie nicht, denn der Geschlechtstrieb bleibt ihnen auch nach der Sterilisierung, und demselben nachgebend, können sie alle Sittlichkeitsverbrechen wie vorher begehen, mit der einzigen Ausnahme, daß sie die genotzüchtigte Frau nicht schwängern können.

Des weiteren bezweckt sie, bestimmte, besonders verbrecherisch veranlagte Personen an der Erzeugung eines verbrecherischen Nachwuchses und anderweitige Minderwertige und erblich Belastete an der Erzeugung eines minderwertigen, belasteten Nachwuchses zu verhindern. Nach der Anschauung hervorragender Sachverständiger sind wir z. Zt. noch keineswegs in der Lage, mit einiger ausreichender Sicherheit festzustellen, daß gewisse Personen einen verbrecherischen Nachwuchs erzeugen werden. Leichter mag im Einzelfalle die Feststellung sein, daß mit bestimmten belastenden Symptomen behaftete Personen einen zwar nicht verbrecherischen, aber doch minderwertigen, erbbelasteten Nachwuchs erzeugen. In solchen, wohl immer vereinzelten Fällen, stehen andere Mittel zur Verfügung — Internierung usw., um Nachteile zu verhüten, und es ist nicht nötig, zur Zwangssterilisierung zu greifen, gegen die sich als einen unerträglichen Eingriff in die Persönlichkeit und die Willensfreiheit des Menschen auch das Gefühl mehr oder weniger sträubt.

Wie die Zwangssterilisierung, ist auch die Methode abzulehnen, Gefangene oder sonst Verwahrte durch die Zusage früherer Entlassung zu bestimmen, in die Sterilisierung zu willigen. Niemand wird im Ernst behaupten wollen, daß in solchen Fällen eine freiwillige Einwilligung der Betroffenen vorliegt.

Zum Schluß ist noch darauf hinzuweisen, daß durch das Geschlechtskrankheitengesetz in das Strafgesetzbuch ein neuer § 184 Nr. 3a eingefügt wurde, wonach das Ankündigen, Anpreisen usw. ansteckungsverhütender Mittel nur dann strafbar sein soll, wenn es in einer Sitte oder Anstand verletzenden Weise geschieht. Damit ist auch die Ankündigung usw. und in weiterer Folge der Erwerb und die Verwendung empfängnisverhindernder Mittel, die ja meistens mit den ansteckungsverhindernden identisch sind, erleichtert, und je mehr sie Verwendung finden, desto mehr kann die Erzeugung eines eugenisch minderwertigen Nachwuchses verhindert werden.

Die psychiatrische Eheberatung.

Von

Professor Dr. **Hübner,** Bonn.

I. Die ersten gesetzlichen Bestimmungen, durch welche die Eheschließungen von Geisteskranken, Epileptikern, Schwachsinnigen und Geschlechtskranken verboten wurden, sind in Connecticut im Jahre 1895 erlassen worden. Diesem Staate folgten in der Union bald andere. Keiner von ihnen schrieb aber eine ärztliche Untersuchung oder die Beibringung eines Gesundheitszeugnisses vor. Es genügte vielmehr die eidliche Erklärung der Ehebewerber, daß sie keine der erwähnten Krankheiten hätten.

Erst später forderten einige Staaten (Norddakota, Oregon, Washington), Gesundheitszeugnisse (z. T. nur für die Männer), stießen dabei aber auf Widerstand.

1915 wurde in Schweden ein Gesetz erlassen, welches die Ehen geisteskranker, geistesschwacher, epileptischer und mit Geschlechtskrankheiten behafteter Personen verbot. Eine ärztliche Untersuchung war auch hier nicht obligatorisch. Es genügte die eidesstattliche Versicherung des Ehekandidaten.

Seit 1930 hat sich der »Swenska Orden« in Stockholm unter Leitung des Herrn Prof. *C A. Wulff* des Problems der Eheberatung angenommen. Es sind seit Oktober 1930 in Stockholm drei, in der Provinz acht ärztlich geleitete Eheberatungsstellen eingerichtet worden, die gegen geringes Honorar Auskünfte über Ehefragen erteilen. Der Orden hat ferner die Aufklärung des Publikums über eugenische Fragen begonnen und will demnächst auch die freiwillige Sterilisierung von Epileptikern, Geistesschwachen und Gewohnheitsverbrechern propagieren, wie mir Herr Prof. *Wulff* freundlicherweise schrieb.

Im Laufe der folgenden Jahre haben dann mehrere weitere europäische Staaten das Problem aufgenommen, und zwar in sehr verschiedener Weise.

Die einen erließen Eheverbote (Norwegen). Andere verlangten Aufklärung der Ehepartner. Dritte forderten den Austausch von Gesundheitszeugnissen, denen selbstverständlich eine ärztliche Untersuchung unmittelbar voraufzugehen hatte. Eine vierte Gruppe regte die freiwillige Gesundheitsberatung vor der Eheschließung an.

Herrn Kollegen *Gamper* aus Prag verdanke ich die Nachricht, daß in letzter Zeit an der Prager deutschen Poliklinik eine unter seiner und des Hygienikers *Breindl* stehende Eheberatungsstelle eröffnet worden ist, und daß der kürzlich neugegründete »Sbor pro dušerníhygieny« sich mit der rechtlichen Frage beschäftigen wird.

Wie die Eheverbote und Eheberatungsstellen sich in den erwähnten Ländern ausgewirkt haben, konnte ich leider nicht feststellen In der Literatur ist darüber nicht viel zu finden. Nach einer in *Schwalbe*s Aufsätzen enthaltenen Notiz haben sie sich bewährt. Z. T. sind die Einrichtungen auch noch so neu, daß deshalb über den Erfolg nichts gesagt werden kann.

In Deutschland hat man theoretisch das wichtige Problem bereits vor 70 Jahren diskutiert. Obwohl so prominente Forscher wie *Ernst Haeckel* und *Schwalbe* sich für die Eheberatung einsetzten, geschah zunächst nichts. Erst im Jahre 1920 griff der Reichsgesundheitsrat die Angelegenheit auf, und verlangte, daß das Volk aufgeklärt, daß auf die Ehebewerber ein Zwang zur ärztlichen Untersuchung ausgeübt werden solle, und daß nur entsprechend vorgebildete Ärzte als »Eheberater« zuzulassen seien, die nur zu bescheinigen hätten, ob ärztliche Bedenken gegen die Eheschließung beständen.

Die verfassungsgebende Deutsche Nationalversammlung fügte dem § 45 des Pers.-Standsgesetzes noch einen Passus an, der besagte, daß den Verlobten, oder denjenigen, deren Einwilligung zur Eheschließung nach dem Gesetz erforderlich ist, vor Anordnung des Aufgebots ein Merkblatt auszuhändigen sei, in welchem auf die Wichtigkeit der Eheberatung hingewiesen würde. Ein solches Merkblatt hat das Reichsgesundheitsamt ausgearbeitet[1]).

Infolge dieser Anregungen, welche von verschiedenen Bundesstaaten aufgegriffen wurden und in Preußen zu dem sog. »Hirtsiefererlaß« führten, entstanden in Deutschland eine ganze Anzahl von Beratungsstellen. Es stellte sich sogar bald das Bedürfnis eines Austausches der Erfahrungen heraus, welches dazu führte, daß sich 250 Beratungsstellen zu einem Verband vereinigten, der gegenwärtig von Herrn Prof. *Fetscher*, Dresden, geleitet wird.

Das Preußische Wohlfahrtsministerium steht der

---

1) Als Kuriosum sei hier angeführt, daß ein Standesamt bis vor Kurzem die Merkblätter den Vermählten nach der standesamtlichen Trauung aushändigte!

Frage der Eheberatung wohlwollend gegenüber. Es verfolgt die wissenschaftlichen Untersuchungen auf diesem Gebiete mit großem Interesse und regt selbst weitere Forschungen an, wie verschiedene Sitzungen des Landesgesundheitsrats beweisen.

Schon diese Feststellungen sollten beweisen, daß die Eheberatung nötig ist und sich auch durchzusetzten beginnt. Trotzdem ist das Interesse des Publikums für unsere Fragen ein relativ geringes. In den sog. gebildeten Kreisen begegnet man sogar vielfach ausgesprochener Ablehnung. Daher kommt es auch wohl, daß gerade dieser Teil der Bevölkerung am wenigsten Gebrauch von den vorhandenen Einrichtungen macht. Am meisten Verständnis habe ich bei berufstätigen Frauen, dem kleinen Mittelstand und den aufgeklärten Arbeitern gefunden, die einsahen, daß mit der Eheberatung keine unerwünschte Bevormundung beabsichtigt wird, sondern daß es sich um die Vermeidung unglücklicher Ehen und minderwertiger Nachkommenschaft handelt, die nicht allein im Interesse des Staates, sondern auch des einzelnen Ehepaares liegt. Jeder, der die vielen Erregungen und Enttäuschungen, die mit einer Ehescheidung oder mit ehelichen Auseinandersetzungen verbunden sind, miterlebt oder auch nur einmal gesehen hat, wie ein Elternpaar sein Leben lang frohnen muß, um das Geld zu erarbeiten, das seine idiotischen oder congenital luetischen Kinder alljährlich kosten, der wird an der Notwendigkeit der Eheberatung nicht mehr zweifeln.

Daß in allen Ständen bisweilen der Wunsch besteht, über die Zweckmäßigkeit eines bestimmten Eheprojekts ein Urteil zu erlangen, beweist die Tatsache, daß viel häufiger als sachverständige Ärzte, gewisse Kartenlegerinnen, Wahrsager und Graphologen befragt werden (und zwar auch von den Gebildeten!), und daß bedauerlicherweise sogar Zeitschriften mit großem Leserkreis für diese Form der »Eheberatung« Reklame machen. Auch der Umstand, daß es gewerbsmäßige Heiratsvermittler, Schadchen, und neuerdings sogar kommunale Ehevermittelungsstellen gibt, daß ferner einzelne Zeitschriften die Ehevermittelung in ihr Programm aufgenommen haben, beweist gleichfalls, daß im Publikum der Wunsch nach Rat besteht. Eugenische Gedankengänge geben dabei nur ausnahmsweise Anlaß zu derartigen Konsultationen; häufiger schon die Frage, ob die beiden in Betracht kommenden Persönlichkeiten »zusammenpassen«. Meist geben wirtschaftliche Gründe den Ausschlag.

Daß letzteres wirklich zutrifft, beweist eine an 325 Personen (100 M., 225 Fr.) aller Stände von *Elis. Fliegauf*[2]) angestellte

[2]) J. D. Bonn 1928.

Enquête, die sich auf einige Eheprobleme bezog. Die Frage, warum man heirate, wurde von der überwiegenden Mehrzahl (ca. 90%) aller Frauen dahin beantwortet, daß das »zur Versorgung« geschehe. Die Männer gaben vorwiegend zwei Gründe an. Einmal wollten sie ein eigenes Heim haben. Daneben spielte die Sexualfrage eine gewichtige Rolle. In 80% der Fälle war ein Zusatz in Gestalt der Begriffe »Liebe« oder »Zuneigung« gemacht. Die Erzeugung und Erziehung von Kindern war weder bei den Frauen noch bei den Männern als bewußter Zweck angegeben. Die Ausdrücke Liebe und Zuneigung wurden recht verschwommen gebraucht. Ihre Wichtigkeit war jedenfalls wesentlich geringer, als die der Versorgung.

Wenn wir diese Tatsachen berücksichtigen, wird uns verständlich, warum das große Publikum den eugenischen Bestrebungen, denen gerade wir dienen wollen, so uninteressiert gegenübersteht. Dabei ist besonders zu betonen, daß ein Unterschied zwischen den Konfessionen in dieser Richtung nicht zu bestehen scheint. Es ist weiter hinzuzufügen, daß da, wo der Wunsch nach Kindern geäußert wird, der Gedanke, daß die Nachkommenschaft minderwertig sein könnte, nur gelegentlich einmal auftaucht. Am ehesten noch dann, wenn ein sehr naher Angehöriger sich in Anstaltspflege befindet und durch Gespräche mit dem Arzt oder durch den Besuch der Anstalt eugenische Gedankengänge angeregt werden. Eine Ausnahmestellung in dieser Beziehung nehmen gewisse selbstunsichere und hypochondrisch veranlagte Psychopathengruppen ein, die von den Gefahren für die Nachkommenschaft gelesen haben und nun bewußt, manchmal sogar in überängstlicher Weise eine Klärung der Situation herbeiführen wollen. Für diese Typen ist die Eheberatung eine Gewissensfrage ernstester Art. Von dem Ausfall der Antwort hängt nicht allein der Entschluß zur Eingehung der Ehe, sondern ihr ganzes Lebensglück ab. Erhalten sie vom Arzt den Ehekonsens, so steigert das ihr Selbstbewußtsein und ihre Leistungsfähigkeit. Wird er ihnen verweigert, so betrachten sie sich als Minderwertige. Ich habe in solchen Fällen mehrfach schwere Depressionen mit ernstzunehmenden Suiziddrohungen gesehen, die bisweilen mehrmonatige Behandlung notwendig machten. —

Die ernstesten bewußten Gegner der Eheberatung sind solche Eltern, die psychopathische Kinder haben und sich der Sorge für dieselben durch die Ehe entledigen wollen. Aus der Praxis der Eheanfechtung (§ 1333/34 BGB.) wissen wir, daß manche Eltern in voller Kenntnis des Umstandes, daß ihre Tochter epileptisch, hysterisch oder sonst abnorm ist, das Mädchen heiraten lassen. Wenn sie dann in der Ehe versagt, wird vielfach zur Entschuldigung angegeben, man habe geglaubt, daß die Ehe und namentlich der Geschlechtsverkehr den Zustand günstig beeinflussen würden. Die vorherige Befragung eines sachverständigen Arztes wird vermieden, dem anderen Ehekandidaten wird der Zustand des kranken Teils nicht richtig geschildert.

Daß in solchen Fällen die Eheberatung besonders segensreich wirken würde, steht außer Zweifel. Gerade da aber wird sie bewußt vermieden, teils aus pekuniären Gründen, z. T. deshalb, weil die Angehörigen Unbequemlichkeiten, die ihnen aus der Anwesenheit des Kranken im eigenen Haushalt erwachsen, umgehen wollen. Davon, daß solche Ehen oft bereits nach einigen Monaten angefochten werden, und daß der langwierige Anfechtungsprozeß allen Beteiligten viel Unkosten und noch mehr Sorgen bereitet, wissen dieselben nichts. Wüßten sie alles das im voraus, dann würden sie ihre Einstellung ändern.

Eine wichtige Folge der geschilderten Einstellung der großen Menge ist die, daß nur ein kleiner Teil der Ehekandidaten auf den Gedanken kommt, die Beratungsstellen in Anspruch zu nehmen. Solange ich die Verhältnisse in Bonn noch einigermaßen überblicken konnte, betrug die Zahl derjenigen, die zu uns kamen, also aus psychiatrischen Gründen Rat holen wollten, 5—7% der Eheschließenden. Dabei haben wir hier gerade um jene Zeit durch öffentliche Vorträge und Mitarbeit in Vereinen die Aufklärung der Bürgerschaft energisch betrieben. Diejenigen, welche erschienen, gehörten, das stellte sich rasch heraus, vielfach zu den aussichtslosen Fällen, und so kam es, daß ich in den ersten Jahren, in denen ich mich mit Eheberatung beschäftigte, häufig abraten mußte.

Daß in anderen Städten die Verhältnisse günstiger liegen, entnehme ich verschiedenen Veröffentlichungen. Gute Erfolge haben z. B. Frankfurt a. M., wo *Raecke*[3]) die Beratungsstelle jahrelang leitete, ferner Dresden *(Fetscher)*[4]) und Berlin *(Scheumann, Hodann)*[5]). Besonders ungünstig lautet ein Bericht aus Dortmund von *Wollenweber*.

Für die psychiatrische Eheberatung hat sich die »offene Fürsorge«, welche den meisten öffentlichen Anstalten angegliedert ist, als brauchbare Einrichtung erwiesen *(Koester)*[6]). In ihren Sprechstunden erschienen denn auch nicht selten Ratsuchende, die nach sorgfältiger Heranziehung von vorhandenen Krankenblättern und nach persönlicher Untersuchung der Ehebewerber ihren Rat kostenlos erhielten.

---

[3]) D. m. W. 1925.

[4]) Arch. f. soz. Hygiene 1926 u. 1927.

[5]) Zit. nach *Nevermann:* Eheberatung 1931, Leipzig.

[6]) S. diesen Verh.-Bericht.

Ein Wort möchte ich noch über die Frage, ob durch die Eheberatung auch Schaden gestiftet werden kann, hinzufügen. Es wird behauptet, daß diejenigen, denen von der Eheschließung abgeraten wird, sich dem außerehelichen Verkehr ergeben und sich unehelich fortpflanzen werden. Hiergegen sagt *Nevermann* (l. c.) mit Recht, daß die Existenz der Eheberatungsstellen die Sorglosigkeit der Bevölkerung gegenüber unehelichen Schwängerungen nicht wesentlich steigern wird. Noch geringer ist die Gefahr, daß Verlobte das Votum der Eheberatungsstelle dazu brauchen, ein schon bestehendes Verlöbnis zu lösen. Diese Gefahr ist nach meinen Erfahrungen so gering, daß mit ihr praktisch nicht gerechnet zu werden braucht.

Ernster zu nehmen sind zwei andere Tatsachen, welche gegen die Eheberatung vorgebracht werden können. Einmal steht fest, wie ich eingangs schon erwähnte, daß manche Psychopathen sich durch einen ablehnenden Bescheid deklassiert fühlen und mit Depressionen reagieren. Durch geschickte Darstellung der Bedenken läßt sich größeres Unglück meist verhindern, psychotherapeutische Behandlung bringt den Patienten meist in kurzer Zeit über die Depression herüber.

Die zweite Tatsache betrifft die weiblichen Eheunfähigen. Durch die Untauglichkeitserklärung ist die meistbegehrte Versorgungsquelle, die Ehe, verschlossen. Wer sorgt für diese Frauen weiter? Es ist bekannt, daß *Grotjahn* bereits an diese Klippe gedacht und zur Behebung dieses Einwurfs die Zwangselternschaftversicherung vorgeschlagen hat. Eine solche gegenwärtig von Staats wegen einzuführen, ist nicht möglich. Wohl aber kann u. A. n. die Privatversicherung in Betracht kommen. Ich habe mich, um zu dieser Frage Positives bringen zu können, an Herrn Prof. Florschütz von der Gothaer Lebensversicherungsbank gewandt. Aus seinen Mitteilungen ergibt sich folgendes:

1. Die berufstätigen Frauen, soweit sie unter die Invalidenversicherung oder Angestelltenversicherung fallen, sind bei Erwerbsunfähigkeit durch die entsprechenden Renten notdürftig versorgt. Wo es die Einkünfte erlauben, kann die Rente durch Erspartes oder durch Eingehung einer Lebens- oder Leibrentenversicherung erhöht werden, letzteres allerdings nur dann, wenn die Gründe, welche zur Eheuntauglichkeitserklärung geführt haben, nicht auch Versicherungsunfähigkeit bedingen.

2. Für die — sei es aus Mangel an Ausbildung, sei es wegen teilweiser Arbeitsunfähigkeit — erwerbslosen Frauen können Angehörige, solange sie leben, durch laufende Zuwendungen, nach ihrem Ableben durch eine Lebens- oder Rentenversicherung sorgen. Sonst muß die Wohlfahrtspflege eintreten. Gegenwärtig

kommt in einzelnen Fällen wohl auch die Kleinrentnerfürsorge in Betracht.

Aus diesen einstweilen noch summarischen Feststellungen, ergibt sich deutlich, daß durch den Ausschluß von der Ehe das Schicksal der ledig bleibenden Mädchen kein absolut ungewisses ist; es zeigt sich sogar, daß bei überlegtem Vorgehen auch dann, wenn die Mittel der Eltern gering sind, eine Sicherstellung, wenn auch nur in bescheidenem Umfange, möglich ist. —

Nachdem wir so festgestellt haben, daß den gegen die Eheberatung vorgebrachten Argumenten nicht die Bedeutung zukommt, welche ihnen von verschiedenen Seiten beigemessen wird, ist noch ein Wort über Umfang und Technik der Beratung hinzuzufügen.

In dieser Beziehung wird man die großstädtischen Beratungsstellen den in Mittelstädten und ländlichen Bezirken gelegenen nicht gleichstellen dürfen. Die letzteren müssen, um lebensfähig zu bleiben, alle einschlägigen Fragen in ihren Arbeitsbereich einbeziehen, d. h. die Pubertätsberatung, die Beratung von Ehebewerbern in sozialer, rechtlicher und gesundheitlicher Beziehung. Die Besucher müssen auch über sexuelle Fragen (einschl. Präventivverkehr und Geburtenregelung — letzteres innerhalb der durch die Gesetze gebotenen Grenzen) aufgeklärt werden. Schließlich gehört zur Eheberatung die Mitarbeit an der gütlichen Lösung von Ehekonflikten und die Aufklärung über die bei der Ehescheidung oder Eheanfechtung einzuschlagenden Wege.

In den großstädtischen Beratungsstellen wird man weiter differenzieren können, ohne die Existenz der Institution zu gefährden.

Die Mitwirkung der ärztlichen Praktiker und Spezialisten ist unentbehrlich, ebenso die Inanspruchnahme erbbiologischer Archive, wie sie in Berlin, München, Dresden, Bonn und einigen anderen Städten in der Entwicklung begriffen sind. Den rechtlichen und sozialen Teil wird, namentlich in Groß- und Mittelstädten, ein juristischer Praktiker bearbeiten müssen. Denn dazu bedarf es spezieller Erfahrungen, die nur wenige Nichtjuristen besitzen.

Die Untersuchung der Ehebewerber geht von einer genauen, möglichst nachprüfbaren Anamnese aus, bei der auch, wenn angängig, ein Stammbaum angefertigt wird. Eine interne Untersuchung erfolgt unter Berücksichtigung des Konstitutionstyps jedesmal. Sofern besondere Gründe vorliegen, wird hierzu ein Spezialist herangezogen. Gynäkologische Untersuchungen werden je nach Lage des Falles veranlaßt. Die erreichbaren Akten und Krankengeschichten, Militärpapiere, Krankenkassennotizen und sonstiges amtliche Material werden mit herangezogen. Die ganze

Arbeit ist grundsätzlich so eingestellt, daß das Endergebnis sich so wenig wie möglich auf die persönlichen Angaben der Hauptbeteiligten zu stützen braucht, die erfahrungsgemäß oft wenig objektiv sind.

Die Graphologie haben wir als Hilfsmittel nie herangezogen, weil sie u. A. n. noch keine zuverlässigen Ergebnisse zu liefern vermag. Dasselbe gilt einstweilen auch für die physiognomischen Untersuchungsmethoden.

Die Feststellung des Konstitutionstyps ist nach unseren Erfahrungen deshalb von besonderer Wichtigkeit, weil schon vor 30 Jahren *Florschütz*[7]) auf die erhöhte Anfälligkeit der Leptosomen hingewiesen hat. Neuerdings haben *Luxemburger*[8]) und *Hübner*[9]) deutliche Unterschiede in der Lebensdauer und Art der Todesursachen zwischen Pyknikern und Leptosomen nachgewiesen.

Wenn überhaupt eine Bescheinigung verlangt wurde, was nicht immer geschah, dann ging dieselbe fast nie auf Einzelheiten ein, sondern äußerte sich nur kurz über die Ehetauglichkeit. Einige Male allerdings wurden ausführliche Gutachten über die Wertigkeit vorhandener Symptomenkomplexe (z. B. eines ganz leichten Basedow) verlangt, die dann, wenn das Einverständnis aller Beteiligten vorlag, auch erstattet wurden. —

Die Klienten der Beratungsstelle kann man in vier Gruppen einteilen:

1. Ohne daß ein bestimmtes Eheprojekt vorzuliegen braucht, kommt ein mit einer ernsten Krankheit behafteter Patient, um seine Ehefähigkeit feststellen zu lassen. Als Beispiel sind eine junge Dame mit Dystrophia musculorum progressiva, eine andere mit multipler Sklerose oder ein Fall von Myasthenie zu nennen. Ferner kamen stark belastete Schizophrene nach den ersten Schüben, Sexualhypochonder, vermeintliche oder wirkliche Homosexuelle u. ä. Persönlichkeiten in die Sprechstunde.

2. Es besteht ein auf Eheschluß abzielendes Verhältnis. Der gesunde Teil beobachtet an dem anderen Verlobten allerlei Symptome, die ihn bedenklich machen und veranlassen, ärztlichen Rat einzuholen. Als Beispiele nenne ich: Reichlicher Alkoholgenuß, Verdacht auf sexuelle Abwegigkeiten des anderen, eine Nervenkrankheit, von der behauptet wird, »daß sie in einigen Monaten oder Jahren ausheilen werde«.

3. Die Verlobten sind einig. Der Familie eines von ihnen

---

7) *Florschütz:* Festschr. zur Hundertjahrsfeier der Gothaer Leb.-Vers.-Bank.

8) *Luxemburger:* M. m. W. 1928.

9) *Hübner:* Psych.-neurol. Begutachtung in der Lebensvers. Leipzig. G. Thieme. 1928.

sind Bedenken gegen die Zweckmäßigkeit des Heiratsprojekts gekommen. Deshalb wird der Psychiater befragt. Beispiele bieten die Pseudologen, leichtere Formen des manisch-depressiven Irreseins, manche Alkoholisten, Fälle alter Lues u. ä.

4. Beide Ehekandidaten kommen zur Untersuchung. In der Hälfte dieser Fälle haben auch beide irgendwelche pathologischen Eigenschaften, sei es auch nur in Gestalt einer psychopathischen Veranlagung. Diese Gruppe liefert das Gros der Klienten. —

Eine Frage, vor der ich wiederholt gestanden habe, war die, ob nach erfolgter Schwängerung der Verlobten unter allen Umständen zur Verehelichung geraten werden soll, auch wenn einer von beiden Ehekandidaten krank ist, die Ehe wenig Aussicht auf Bestand hat und auch die Nachkommenschaft gefährdet ist.

Es ist bekannt, daß das Reichsgericht in einigen Entscheidungen (z. B. Recht 1907 Nr. 2564) den Standpunkt eingenommen hat, die uneheliche Schwängerung bedeute für große Teile der Bevölkerung einen solchen Makel, daß die Verehelichung auch bei Bestehen einer als Eigenschaft i. S. des § 1333 zu wertenden Krankheit erfolge.

Ich habe in solchen Fällen mehrfach davon abgeraten, die Ehe zu erstreben oder gar zu erzwingen, wenn der eine der beiden Verlobten mir nicht ehefähig zu sein schien und ich deshalb nicht an den Bestand der Ehe glaubte. Dabei habe ich selbstverständlich berücksichtigt, daß nicht jede geringfügige Psychopathie ausreicht, die Eheuntauglichkeit zu rechtfertigen, ich habe vielmehr nur dann abgeraten, wenn das vorliegende Material ernstliche Beachtung verdiente. Das Reichsgericht hat mit Recht zum Ausdruck gebracht, daß keine Ehe so verläuft, wie die Ehegatten sie sich gedacht haben. Kleine Enttäuschungen reichen selbstverständlich nicht aus, einer Ehe die Existenzberechtigung abzusprechen. —

Bevor ich zur Darstellung meiner klinischen Erfahrungen übergehe, ist folgendes vorauszuschicken:

Eheberatung muß man unter zwei verschiedenen Gesichtspunkten treiben, einmal unter dem der Eugenik, zweitens unter dem der Gattenwahl. Die eugenischen Fragen darzustellen, ist Aufgabe meiner Mitberichterstatter. Mir obliegt es, zu zeigen, welche Persönlichkeiten die Gewähr bieten, daß eine mit ihnen geschlossene Ehe Bestand hat und nicht wegen krankhafter Eigenschaften des abnormen Teils angefochten wird.

In dieser Fragestellung ist implicite noch eine andere enthalten. Harmonische Ehen bieten ein gutes Milieu für die heranwachsenden Kinder. Wo Zwietracht in der Ehe herrscht, ist auch die Kindererziehung erschwert. Deshalb ist die Gattenwahl auch für die Nachkommenschaft von Bedeutung.

In den folgenden klinischen Ausführungen werden diejenigen Fälle nicht besonders erwähnt, bei denen Krankheitssymptome oder abnorme Charakterveranlagungen sowie erbliche Belastung fehlen, denn bei ihnen ist die Entscheidung einfach. Sie sind ehetauglich.

Ebensowenig bereiten die Fälle Schwierigkeiten, in denen eine ausgeprägte Geistesstörung vorliegt. Sie sind eheuntauglich, oft schon allein deshalb, weil sie der Anstaltspflege bedürfen.

Gegenstand der nun folgenden Erörterungen sollen in erster Linie die psychopathischen Konstitutionen sein, denen dann noch eine Reihe von Sonderfällen angereiht werden muß.

Unberücksichtigt bleiben die inneren Erkrankungen und die Unterleibsleiden. Auf die Schwierigkeiten, welche das Sexualleben in die Ehe hineinträgt, kann ich nur kurz eingehen. Auch das Problem der Lebensdauer, dessen Bedeutung für die Ehe ich an anderer Stelle bereits hervorgehoben[10]) habe, soll nicht wieder erörtert werden. —

Das Material, welches den Ausführungen zugrunde liegt, stammt z. T. aus der Beratungsstelle, zum anderen Teil ist es der Ehescheidungs- und Anfechtungspraxis entnommen (§ 1333, 1334, 1565 bis 1568 BGB.).

II. In einem früheren Vortrage habe ich bereits gezeigt, daß bei den Zyklothymen die durch die endogenen Schwankungen bedingte Unbeständigkeit der Leistungen, der Anschauungen, des Urteils, die Unordnung im Haushalt, die Unfähigkeit, in Geldsachen Ordnung zu halten und das — wenigstens periodisch vorhandene — krankhafte sexuelle Verhalten keine Stetigkeit in den Beziehungen der Ehegatten zu einander aufkommen läßt. Die Pflege gesellschaftlicher Verpflichtungen ist erschwert, die Kindererziehung gefährdet und wirtschaftlich wird schlecht disponiert. —

Es gibt unter den Zyklothymen weiter auch Persönlichkeiten, die durch ihre Liebe lästig fallen können. Sie neigen in bester Absicht dazu, den andern Teil in einer Weise zu bemuttern, daß er seine Selbständigkeit vollkommen verliert und die gut gemeinte Fürsorge — nicht Herrschsucht — sehr lästig empfindet. Da der kranke Teil weder durch Güte, noch durch Strenge in diesem Punkte zu ändern ist — handelt es sich dabei doch um einen essentiellen Bestandteil seiner Veranlagung —, so

---

[10]) Z. f. psych. Hygiene Bd. 4.

kommt es naturgemäß bald zu Streitigkeiten, die den Bestand der Ehe ernstlich gefährden. —

Eine dritte Gruppe bilden die bald dauernd, bald vorübergehend psychisch Insuffizienten, die zwar den guten Willen haben, den gestellten Anforderungen in der Ehe zu genügen; ihre subjektive und objektive Insuffizienz erschwert ihnen das aber, macht es ihnen sogar ganz oder teilweise unmöglich, besonders dann, wenn sich zu der Insuffizienz eine gewisse Skrupulosität hinzugesellt. —

Die den geschilderten Typen nahestehenden Zwangskranken sind gleichfalls, sofern das Leiden ausgeprägt ist, recht schwierige Ehepartner und außerdem auch zur Kindererziehung wenig geeignet, weil ihre Zwangsvorstellungen nicht nur ihr eigenes Denken und Fühlen beherrschen, sondern auch den Mann, die Kinder und den ganzen Haushalt beunruhigen. Wenn es in solchen Fällen zur Heirat kommt, dann hängt das Schicksal der Ehe vorwiegend von der mehr oder minder großen Geduld des gesunden Gatten ab. Findet der sich mit den störenden Symptomen ab, was nichts weniger als leicht ist, dann geht es. Ist er dazu nicht in der Lage, dann leben sich die Gatten sehr bald auseinander. —

Aus den vorstehenden, kurz zusammengefaßten Erfahrungen folgt, daß Zyklothyme keine empfehlenswerten Ehekandidaten sind. Ihre Qualifikation verringert sich noch, wenn man zwei weitere Gesichtspunkte berücksichtigt: Einmal den, daß die Gattenwahl bei ihnen oft nicht auf Grund einer ernsten und beständigen Neigung, sondern in einer hypomanischen Phase erfolgt und die Ernüchterung infolgedessen auch mit Ablauf der letzteren eintritt, und zweitens den, daß die meisten dieser zyklothym veranlagten Persönlichkeiten sich klinisch ungünstig weiter entwickeln. Was in der Kindheit und den ersten Lebensjahrzehnten nur mit feinen Strichen angedeutet ist, wird später zur ausgesprochenen manischen oder melancholischen Phase. Es braucht keineswegs immer Anstaltspflegebedürftigkeit einzutreten, trotzdem kann der konstitutionell Manische so unbequem und in unangenehmem Sinne auffällig sein, daß er nicht allein im Hause und in der Familie stört, sondern auch in der Öffentlichkeit. Ein Teil der Bohèmenaturen Henry Murgers gehört hierher, ferner gewisse Plänemacher, die mit ihrer Unruhe die Familie und die Behörden bis in ihr Alter in Atem halten, ohne daß dabei etwas herauskommt. Ihre Gegenstücke nach der depressiven Seite hin sind die klagsamen, menschenscheuen, unsicheren, dauernd gehemmten Depressiven, die mit den Anforderungen des Alltags nicht fertig werden, sich das Leben selbst unnötig schwer machen, schließlich vollkommene Einsiedler werden.

Für die Frage der Ehefähigkeit wichtig ist noch der Umstand, daß manche von diesen Typen wegen ihrer schwankenden Leistungsfähigkeit und Unbeständigkeit auch in ihrem Berufsleben Schwierigkeiten haben. —

Es ist gesagt worden, daß diese Persönlichkeiten außerordentlich schwer zu erkennen sind. Das trifft zu, wenn man lediglich auf die Eindrücke in der Sprechstunde angewiesen ist. Kann man aber eine gute Vorgeschichte bekommen und namentlich auch solche Menschen befragen, die längere Zeit mit dem zu Untersuchenden zusammen gelebt haben, dann treten die endogenen Schwankungen in dem Verhalten der Patienten deutlich hervor. Einige Male — und das ist gerade für unsere Zwecke bedeutungsvoll — habe ich auch festgestellt, daß der Lebenslauf desjenigen der Eltern, von dem die manisch-depressive Belastung kam, in vielen wichtigen Punkten in gleicher Weise abgelaufen war, wie der des Nachkommen.

Daß der Körperbau für die weiteren Nachforschungen richtunggebend sein kann, sei kurz nochmals wiederholt. Ebenso großer Wert ist auf die Erblichkeitsforschung zu legen. Selbstmorde in der Aszendenz, zyklothyme Schwankungen, Zickzackkurven in der sozialen Lebensführung, grobe psychisch bedingte Ungleichheiten in den Berufserfolgen, alles das sind Gesichtspunkte, auf die man auch bei der Beforschung der Aszendenten achten muß.

Ein Teil derjenigen, die durch wüste Lebensführung in sexueller Beziehung auffallen, gehört hierher. Manche von ihnen besitzen auch die Eigenschaft, ihre starke sexuelle Erregbarkeit rasch auf andere zu übertragen. So leicht sie selbst zu verführen sind, ebenso leicht gelingt es ihnen, andere zu verführen. —

Sehr vereinfacht wird die Beurteilung der Ehetauglichkeit Zyklothymer, wenn sie einen Hang zur Kriminalität haben. In Betracht kommen als Delikte Sexualverbrechen, Hochstapeleien, Erpressungen (der Kavaliererpresser!), Seriendiebstähle (das phasische Moment tritt auch hier oft hervor), Unterschlagungen. Daß man in solchen Fällen abrät, ist selbstverständlich, denn was einmal geschehen ist, kann sich jederzeit wiederholen. Solche Menschen sind quoad Rückfall sehr gefährdet, ganz abgesehen davon, daß die Eigenschaften, auf denen ihre Kriminalität beruht, häufig vererbt werden.

Besonders zu warnen ist vor der Ehe mit Zyklothymen dann, wenn von dem Patienten verlangt wird, daß er eine gesellschaftlich schwierige Position ausfüllen soll. Dazu ist er, wie oben bereits angedeutet wurde, nicht fähig. Das Disponieren im großen Haushalt ist ihm unmöglich, sein Zustand gestattet es oft monatelang nicht, sich in Gesellschaft zu zeigen, er ist zeitweise unliebenswürdig, unsicher, wortkarg, zurückhaltend, ein anderes Mal ungeschickt, vorlaut, verletzend, zu groben Entgleisungen neigend, kurz gesagt, ein Stimmungsmensch, bei dem man immer mit der Möglichkeit rechnen muß, daß er sich Feindschaften zuzieht, oder die gesellschaftliche Stellung der Familie schädigt.

Die leichteren Zyklothymen sind wegen ihres heiteren Temperamentes oft in Gesellschaft sehr beliebt und dann auch als Ehepartner begehrt. Trotzdem ist eine Ehe mit ihnen bedenklich, sowohl wegen der starken Vererbbarkeit dieser Veranlagung, als auch — bei weiblichen Ehebewerbern — wegen der Möglichkeit, daß sich nach Entbindungen der Zustand verschlimmert, schließlich auch deshalb, weil das, was in Gesellschaft sehr schön erscheinen mag, sich im Alltagsleben der Ehe als sehr lästig erweisen kann. Kommt in solchen Fällen zu der zyklothymen noch eine hysterische Komponente hinzu, dann ist die Gefahr doppelt groß. Ebenso bedeutet es eine Vermehrung der Schwierigkeiten, wenn beide Teile zyklothym veranlagt sind.

Alles in allem kann man nach meinen Erfahrungen den ausgeprägt Zyklothymen die Ehetauglichkeit nur ausnahmsweise zusprechen. —

Eine zweite Gruppe, die wir ausführlicher zu besprechen haben, sind die Schizothymen. Sie unterscheidet sich von den Zyklothymen zunächst schon durch die geringere Vererbbarkeit, wie *Rüdin* ausgeführt hat. Es gibt in ihr verschiedene Typen, die auch von unserem Standpunkt aus noch ehetauglich sind.

Voranstellen möchte ich da den stillen, versonnenen Ästheten, der in einer eigenen Welt lebt (Bibliophile, Sammler!), den Anforderungen des Alltags unsicher gegenübersteht, eines Tages geheiratet wird und dann bis ans Ende seines Lebens ein Pantoffelheld bleibt, ohne sich deshalb besonders unglücklich zu fühlen. Denn der andere Ehepartner nimmt ihm vieles von dem, was ihm vorher Schwierigkeiten bereitete, ab, namentlich auch die Erledigung aller das Alltagsleben betreffenden praktischen Fragen. Dadurch wird er zufrieden.

Begegnen sich die beiden Gatten in einem derartigen Falle auch noch in gemeinsamen künstlerischen oder wissenschaftlichen Interessen, dann kann eine solche Ehe durchaus harmonisch sein und in ruhigen soliden Bahnen verlaufen. —

Einen zweiten Typ bilden Schizothyme, die ich als »korrekte Intellektuelle« bezeichnen möchte. In allen Formalien unfehlbar, klug, auch im Beruf oft wertvoll, leider manchmal etwas empfindlich, sonst nicht allzu schwer mit affektiven Regungen belastet, klar in ihren Zielen, suchen sie von vornherein nach einer gleichgesinnten (und deshalb wohl meist auch gleichartig veranlagten) Partnerin. Beide verfolgen dann ihr Ziel und kämpfen gemeinsam gegen alles, was ihnen hinderlich in den Weg tritt. Von dem Augenblick an, wo sich ihre Ansichten über das Ziel ändern, entsteht zwischen ihnen Feindschaft, die oft zum Bruch führt, weil keiner nachgibt. Bleiben sie gleicher Meinung, so halten sie bis zur Erreichung des Erstrebten zusammen.

In solchen Ehen dominiert das Strebertum. Das spezifisch Eheliche und auch das Geschlechtliche tritt in ihnen zurück. Kommen Kinder, so bilden die den Gegenstand weiterer Ambitionen und werden in der gleichen verstandesmäßigen streberhaften Weise erzogen.

Diesen Ehen fehlt naturgemäß das Gefühlsmäßige sehr, trotzdem können sie lange bestehen, ohne daß die Beteiligten das Fehlende entbehren. —

Weniger günstig liegen die Verhältnisse in den nunmehr zu besprechenden Ehen.

Es gibt Schizothyme, die mit einer kompletten, etwas verstiegenen Weltanschauung auch an das Eheproblem herantreten. Ihnen fehlt aber im Gegensatz zu der vorher geschilderten Gruppe die Fähigkeit, den Ehepartner, welchen sie suchen, auf seine Anpassungsfähigkeit richtig zu beurteilen. Sie trauen sich auch mit Unrecht zu, den gewählten Partner zu erziehen. So kommt es, daß sie von dem anderen Teil mehr verlangen, als er zu leisten vermag und das hat zur Folge, daß die Ehe unter Umständen schon nach wenigen Monaten in die Brüche geht, denn der Schizothyme kann keine Konzessionen machen und glaubt, daß das, was der andere Teil nicht zu leisten vermag, böswillig verweigert wird. —

Ein anderer Typ könnte vielleicht als der des »Tyrannen« bezeichnet werden. Bei guter Intelligenz paart sich Mißtrauen in kleinsten Dingen mit großer Reizbarkeit und Eigenwilligkeit. Widerspruch gibt es nicht, infolgedessen ist die Ehe eine Kette von Ungerechtigkeiten und Zänkereien, die sich später auch auf die Kinder erstrecken.

Verbindet sich hiermit auch noch ein Mangel an Wahrheitsliebe, was nicht selten der Fall ist, dann werden die Verhältnisse unerträglich. —

Bisweilen mischen sich Erscheinungen der beiden letzten Gruppen d. h. Strebertum, krankhaftes Mißtrauen und kalter Egoismus. Solche Persönlichkeiten treffen ihre Gattenwahl nur nach verstandesmäßigen Erwägungen; Geld oder Konnexionen bedeuten ihnen alles. Stellt sich bei näherem Zusehen heraus, daß sich ihre Wünsche nicht restlos erfüllen lassen, dann ist der Ehepartner für sie sofort erledigt. Sie lassen ihn fallen und provozieren unter Umständen eine Scheidung, um an anderer Stelle einen neuen Versuch zu machen. Dasselbe geschieht bisweilen auch, wenn sie das erreicht haben, was sie wollten und sie den anderen Ehepartner nicht mehr nötig haben. Auch dann lassen sie ihn fallen.

Ein dritter Grund, warum schizoide Ehen nicht halten, ist sexueller Natur. Manchmal werden sie geschlossen, um nach außen hin eine abnorme Triebrichtung zu verdecken, oder ein zügelloses Leben zu führen. Von Bestand sind sie selbstverständlich dann nicht.

Zu erkennen sind diese Persönlichkeiten verhältnismäßig leicht. Sie zeigen körperlich meist die typischen Symptome des Leptosomen oder Asthenikers und auch psychisch ist die Art ihres Auftretens, ihre Zielstrebigkeit, ihr Mißtrauen, ihre nüchterne, gefühlskalte Art sehr rasch und sehr deutlich zu erkennen. Verbindet sich die Schizothymie mit hysterischen Erscheinungen, dann steigert dieser Umstand ihre Untauglichkeit zur Ehe ganz erheblich. —

Eine dritte Gruppe von Persönlichkeiten, die besonders geschildert werden müssen, sind die in das Gebiet der Hysterie gehörigen.

Es gibt Hysterische, die, wenn sie zu einem bestimmten Menschen Liebe gefaßt haben, sich vollständig ausgeben können, nicht allein materiell, sondern auch seelisch. Sie dienen dem Betreffenden unter Umständen sklavisch und das kann Jahre und Jahrzehnte so gehen. Wehe ihm aber, wenn er ihr Mißfallen erregt, oder wenn es zu Differenzen kommt, oder wenn sie Grund zur Eifersucht zu haben glauben. Dann schlägt die Liebe in Haß um, und von diesem Augenblick an wird die Ehe unerträglich. —

Zu den hysterisch Persönlichkeiten gehören auch viele von denen, die verstehen, eine eigentümlich schwüle Atmosphäre um sich zu verbreiten — erotische Persönlichkeiten, die es darauf anlegen, das andere Geschlecht an sich zu ziehen. Man hat für sie den Ausdruck »Dirnennaturen« geprägt und will damit sagen, daß sie sexuell nicht immer so stark empfinden, wie man vermutet. Es sind im Gegenteil oft ganz unsinnliche, kalte Persönlichkeiten, die sich in sexueller Beziehung in keiner Weise engagieren wollen, für die ein Mensch des anderen Geschlechts nur so lange Bedeutung hat, bis sie ihn sich gefügig gemacht haben; dann lassen sie ihn fallen und suchen einen andern. Für denjenigen, der eine solche Persönlichkeit heiratet, bedeutet die Ehe also ein ewiges Fürchtenmüssen, daß etwas Ernstliches passiert, ein ewiges Benachteiligtwerden, denn der Ehegatte ist mit dem Tage der Vermählung selbstverständlich für den hysterischen Teil erledigt.

Es ist kein Zufall, daß ein Teil dieser Ehen mit solchen Dirnennaturen (auch Männer verdienen bisweilen dieselbe Bezeichnung) mit einem Gewaltakt enden. In dieser Gruppe finden sich auch viele von Denjenigen, die mehrfach heiraten, ohne daß auch nur eine dieser Ehen einen mehrjährigen Bestand hätte. —

Verwandt mit dem eben geschilderten Typ sind dann gewisse hysterische Schwindler und Lügner. Ich habe Frauen gesehen, die sehr erhebliche Schulden machten, nicht deshalb, um das Geld für sich zu verwenden, sondern weil sie damit der geliebten anderen Persönlichkeit Gutes antun wollten. Daß sie damit eine frisch geschlossene Ehe wirtschaftlich ruinieren könnten, daran dachten sie nicht.

Es gibt andere Fälle, in denen Schwindeln und Schuldenmachen gleichfalls an der Tagesordnung ist, nur geschieht es da nicht aus Liebe zu dem anderen Ehegatten, sondern aus Egoismus und Geltungsbedürfnis. Auch da ist, selbst wenn größeres Vermögen vorhanden ist, die Ehe auf die Dauer nicht haltbar. Solche Persönlichkeiten sind äußerst anspruchsvoll, verlangen nach jeder Richtung hin größte Rücksichtnahme und Entgegenkommen und bieten ihrerseits nur wenig Gegenleistungen, so daß der gesündere Teil in solchen Fällen der Betrogene ist, letzteres um so mehr, wenn die hysterische Persönlichkeit auch noch Neigung zum Intriguieren und Hetzen zeigt. Dann wird der andere Ehegatte allmählich von der Familie und seinen Freunden getrennt, und wenn die Ehe auseinander geht, dann steht er allein da. —

Wie *Löwenstein* und andere gezeigt haben, haben etwa 50% aller Menschen eine Disposition zu hysterischen Reaktionen. Diese Veränderung ist nicht zu identifizieren mit dem ausgesprochenen hysterischen Charakter, von dem ich hier spreche. Dieser ist sehr viel gefährlicher. Eine gelegentliche leichte hysterische Reaktion unter besonders schwierigen Umständen reicht wohl noch nicht aus, einen Menschen eheuntauglich zu machen. Jene Persönlichkeiten aber, die jahrelang erhebliche nervöse Störungen nach Unfällen bereithalten, intensiv um eine Rente kämpfen, einen jahrelang ausgeübten Dienst wegen solcher Erscheinungen aufgeben, die sind nach meinen Erfahrungen auch für die Ehe nicht geeignet.

Sie werden aus wirtschaftlichen Gründen sehr begehrt, denn sie haben eine Pension, wenn sie unfallverletzt sind (Telephonistinnen!). Sie treten also mit festem Einkommen in die Ehe ein. Wenn die Pensionierung in diesen Fällen aber wirklich wegen echter hysterischer Reaktionen erfolgt ist, dann soll man mit der Erteilung des Ehekonsenses außerordentlich vorsichtig sein, denn so, wie sie im Beruf reagiert haben, reagieren sie dann auch in der Ehe, sobald praktische Schwierigkeiten entstehen, und der Erfolg ist dann bald die Anfechtungs- oder Scheidungsklage. Ich habe gerade auf diesem Gebiet eine ganze Reihe von schwierigen Fällen gesehen. Die Frauen versagten körperlich in der Ehe, denn ein großer Teil von ihnen war von jeher schwächlich gewesen und psychisch waren sie die launenhaftesten, reizbarsten, egoistischsten und unbelehrbarsten Menschen, die man sich denken kann.

Von den sonstigen Psychopathentypen, welche wir gewöhnlich unterscheiden, bedürfen die Haltlosen, Reizbaren und Impulsiven nach dem bisher Ausgeführten kaum weiterer Besprechung. Wo die erwähnten Eigenschaften die Lebensführung im allgemeinen ungünstig beeinflussen, wo insbesondere die soziale Stellung und die wirtschaftlichen Verhältnisse durch die Psychopathie gefährdet sind, da sind auch in der Ehe Schwierigkeiten zu erwarten.

Dringend von der Eheschließung abzuraten ist bei Menschen mit häufiger auftretenden poriomanischen Zuständen. Ihretwegen kommt der gesunde Teil aus der Sorge nicht heraus. Wo die Vermögensverhältnisse schlechte sind, ist der Bestand der Familie auch wirtschaftlich bedroht. Ich habe Fälle dieser Art gesehen, in denen jede einzelne poriomanische Attacke 10 bis 20000 M. kostete und die Familie wochenlang um das Leben des Kranken bangte. Es kamen häufig auch Handlungen vor, die strafbar waren (Prügeleien u. ä.) und nur mit viel Geld und guten Worten wieder gut gemacht werden konnten. —

Schwierig ist die Entscheidung auch bei manchen Fanatikern, psychopathischen Plänemachern und Erfindern. Ich habe einzelne Persönlichkeiten dieser Art gesehen, die ihre auf Förderung des öffentlichen Wohls oder Propagierung von weltanschaulichen Problemen gerichteten Ziele so intensiv verfolgten, daß ihnen für die Erfüllung der Forderungen des Alltags keine Zeit übrig blieb. Die Frau mußte den Mann ernähren. Ein Teil dessen, was sie mühselig verdiente, wurde noch zu Agitationszwecken verwandt. Von »Familienleben« im bürgerlichen Sinne war in diesen Ehen keine Rede. Dabei war der Erfolg der Bestrebungen des Mannes oft ein sehr geringer, denn es fehlte ihm die Fähigkeit, die Notwendigkeit und Realisierbarkeit seiner Pläne richtig zu beurteilen. Das Ausbleiben des Erfolges verbitterte ihn. Das Opfer seiner gereizten Stimmung wurde zunächst stets der gesunde Ehepartner. Alle schweren Fälle dieser Gruppe, namentlich die geschilderten, sind für die Ehe ungeeignet. —

Einen letzten Typ, der an dieser Stelle besprochen werden muß, bilden die schwer Verschrobenen und ausgeprägten Hypochonder, Menschen, die entweder an sich und ihrer Umgebung — und damit auch an Frau und Kindern — herumquacksalbern, ohne daß die Familie sich dem entziehen kann, oder weltanschaulich bzw. auf religiösem Gebiete lästig fallen (z. B. durch Frömmelei). Das Zusammenleben mit solchen Persönlichkeiten ist auf die Dauer unerträglich. Sie sind deshalb zur Ehe untauglich, und zwar um so mehr, weil eine Scheidung (§ 1568 BGB.) in solchen Fällen sehr schwer ist. (Recht 1910 Nr. 4100 abgedruckt in *Hübner*, Eherecht der Geisteskranken 1921 Bonn, Marcus u. Weber.) —

Daß bei allen diesen Typen nur die schweren Fälle eheuntauglich sind, habe ich wiederholt betont.

In einer früheren Arbeit habe ich die Frage aufgeworfen, ob bei manchen von diesen Psychopathen die Ehe nicht dadurch ermöglicht werden kann, daß einer der beiden Ehegatten, in erster Linie wird wohl der Mann oder der kranke Teil in Betracht kommen, sterilisiert wird, so daß die Vererbbarkeit der Anlage aus der Rechnung ausscheidet. Ich selbst habe Ehebewerber gesehen, in denen die Veranlagung so war, daß diese Möglichkeit erwägenswert war. Man konnte bei solchen Psychopathen von einer »medizinischen Indikation« sprechen[11]), denn solange die Ehe in jenen konkreten Fällen nicht mit der Ernährung und Erziehung von Kindern belastet war, konnte man annehmen, daß sie halten würde. Ich weiß, daß derartige Sterilisationen gemacht worden sind. In Betracht kommen sie nur da, wo auf diesem Wege der Bestand der Ehe garantiert wird. So viel möchte ich über die psychopathischen Persönlichkeiten, die ja wohl die meisten Schwierigkeiten bereiten, sagen.

Da, wo ausgeprägte Geistesstörungen vorliegen, z. B. bei der Schizophrenie, den gröberen Fällen von manisch-depressivem Irresein, dem schweren Schwachsinn und schwerer Epilepsie mit Charakterveränderungen, bereitet die Entscheidung keine Schwierigkeiten. Es ist selbstverständlich abzuraten. Es gibt aber auch da Grenzfälle.

Zu diesen gehören z. B. Fälle von Epilepsie mit selten auftretenden Krampfzuständen und geringer Veränderung der Persönlichkeit. Ich habe in allen diesen Fällen den Ratsuchenden gesagt, daß ich persönlich widerraten müsse, sie im übrigen

---

[11]) S. hierzu meine Ausführungen im Handwörterbuch der Kriminologie von *Elster* u. *Lingemann*. 1932. Berlin u. Leipzig.

aber über den Zustand sehr genau aufgeklärt, namentlich auch über die Möglichkeit, daß sich das Leiden in späteren Jahren weiter fortentwickelt, eingehend gesprochen. Nach unseren Erfahrungen sind die Fälle von Epilepsie, in denen es bei einzelnen Anfällen bleibt und das Leiden keine Fortschritte macht, große Seltenheiten. Bei der Mehrzahl der Pat. nimmt die Erkrankung, wenn auch erst in späteren Jahren zu und dann werden schließlich Grade erreicht, die den Kranken eheunfähig machen. Oft wird sogar Anstaltspflege erforderlich. —

Schwer zu beurteilen sind auch die leichteren Grade des Schwachsinns. Da hängt die Eheunfähigkeit weniger von dem Intelligenzdefekt ab, als von solchen Symptomen, die den Umgang mit derartigen Persönlichkeiten erschweren. Dazu gehört Reizbarkeit, Launenhaftigkeit, Neigung zur Lüge u. ä. Auch Hypersexualität ist in solchen Fällen eine große Gefahr.

Ein neuerdings öfters auftretendes Problem ist das der Ehetauglichkeit defekt-geheilter Paralytiker. Da, wo gröbere Ausfälle nach der Behandlung zurückgeblieben sind, muß man abraten. Nur die wirklich praktisch Geheilten können in Betracht kommen, — auch die nur dann, wenn sie sich in dem guten Zustande längere Zeit gehalten haben und die serologischen Reaktionen negativ sind[12]).

Bei der Tabes habe ich wiederholt abgeraten, allerdings ohne nennenswerten Erfolg. Bei der Gehirnsyphilis liegen die Verhältnisse auch schwierig, denn man ist nie ganz sicher, daß nicht doch ein neuer Schub einsetzt. Infolgedessen kommen auch hier nur die günstigst gelegenen Fälle in Betracht und auch diese nur, wenn längere Zeit keine neuen Schübe eingetreten sind und die serologischen Befunde beweisen, daß die Lues zur Ruhe gekommen zu sein scheint. Selbstverständlich scheiden diejenigen Kranken aus, die Reste einer ausgesprochenen Hemiplegie oder ähnliche Symptome darbieten. In manchen dieser Fälle wird man demgemäß unter Umständen erst nach einer längeren, d. h. monate- oder jahrelangen Beobachtung die Ehetauglichkeit bescheinigen können. —

In diesem Zusammenhang ist noch einer weiteren Gruppe von Ehebewerbern zu gedenken, nämlich der gesunden Partner von Paralytikern und Tabikern. Wenn ein solcher an eine Wiederverheiratung denkt, dann kann meiner Ansicht nach der Ehekonsens nur von einer eingehenden serologischen Untersuchung abhängig gemacht werden. Die anamnestisch erhobene Tatsache, daß der Pat. von einer syphilitischen Infektion nichts

[12]) S. auch *Koester:* Nachuntersuchungen der unter Fürsorge stehenden behandelten Paralytiker. Arch. f. Psych. 1933.

weiß und nie Erscheinungen der Lues gehabt hat, ist bedeutungslos. Wir wissen längst, daß 60—70% aller infizierten Frauen von ihrer Infektion nichts wissen. Daß gerade auch bei Frauen Lokalerscheinungen an der Infektionsstelle leicht übersehen werden, ist ebenso bekannt wie der Umstand, daß viele Fälle von Lues wenig Sekundär- und Tertiärerscheinungen darbieten. Wir erleben es sehr oft in der Sprechstunde, daß erst durch die serologische Untersuchung oder durch die Geburt eines luetischen Kindes bewiesen wird, daß auch die Mutter infiziert war. —

Für die congenitale Lues ergibt sich aus früheren Untersuchungen, die ich gemacht habe, daß die Gefahr für den Kranken und, wie ich glaube auch für die Nachkommenschaft, gering ist, wenn er das 20. Jahr überschritten hat. —

Was die Süchtigen anlangt, so scheidet die überwiegende Mehrzahl aus. Alle solche, bei denen schon mehrere Entziehungsversuche erfolglos geblieben sind, sind eheuntauglich. Ist eine Entziehungskur geglückt, so kann man selbstverständlich auch nicht sofort der Verehelichung zustimmen, sondern es muß eine Bewährungsfrist von mindestens $1^1/_2$—2 Jahren abgelaufen sein.

Die Annahme, daß der gesunde Gatte imstande ist, den Kranken vor Rückfällen zu bewahren, ist meist irrtümlich. Das gelingt allenfalls ganz ausnahmsweise einmal beim Alkoholismus. Auch da aber sehr selten. Ich betone diesen Umstand deshalb besonders, weil solche Ehen manchmal geradezu in der Absicht geschlossen werden, dem Kranken einen Mentor zu geben, der ihn vor Rückfällen bewahren soll. Das erweist sich aber in der Praxis, wie ich schon sagte, als erfolglos.

Ehe ich die Ausführungen über die Eheberatung abschließe, ist noch einiger Sonderfälle zu gedenken.

In erster Linie möchte ich da das Problem anschneiden, ob man der Eheschließung zweier Personen zustimmen kann, die im Alter weit auseinander stehen. Derartige Ehen kommen teils aus pekuniären Gründen, teils aus Ehrgeiz, z. B. wenn ein älterer Herr eine sehr hohe Stellung hat und deshalb begehrenswert erscheint, zustande. Von unserem Standpunkte aus sind auch solche Ehen zu mißbilligen. Was am Anfang leicht erscheint, nämlich das tägliche Zusammenleben, wird um so schwieriger, je gebrechlicher der ältere von den beiden Ehepartnern wird. Deshalb sind diese Ehen bedenklich; auch wenn die Gefahr für die Nachkommenschaft keine große ist, wie einzelne Eheberater hervorheben. —

Ein kurzes Wort noch über die sexuell Abnormen.

Homosexuelle, die versuchen wollen, ihre abnorme Veranlagung durch eine reguläre Ehe zu verlieren, erleben einen Mißerfolg. Wenn der andere Teil glaubt, den homosexuellen

Gatten vor derartigen Handlungen bewahren zu können, so irrt er sich. Meist ist es so, daß der gesunde Teil nach kurzer Zeit durch das Verhalten des anderen so abgestoßen wird, daß er die Fortsetzung der Ehe nicht ertragen kann. Ähnlich ist es mit den anderen Perversitäten. Der Fall, daß ein abnorm veranlagter Ehegatte den andern Teil an seine Praktiken gewöhnen kann, tritt so selten ein, daß man auf diese Möglichkeit hin der Ehe nicht zustimmen kann. —

Neuerdings ist auch die Frage akut geworden, ob man der Eheschließung eines Kastrierten den Konsens erteilen soll. Es gibt Fälle, die jetzt schon einige Jahre beobachtet werden, wo trotz erfolgter Kastration sogar der Geschlechtsverkehr möglich ist. Bedenklich bleiben solche Fälle immer. —

Die Eheschließung Kopfschußverletzter habe ich davon abhängig gemacht, 1. daß keine gröberen Lähmungserscheinungen vorhanden waren und 2. wie weit Intelligenz und Charakter durch die Verletzung gestört waren. (Reizbarkeit!) Wenn der Pat. körperlich oder geistig als siech anzusehen war, dann habe ich widerraten, denn die Aufgaben, welche in diesem Fall der gesunden Frau zukommen, sind so schwierig, daß sie kaum auf die Dauer durchgeführt werden können. —

Bei Kriegsblinden kommt es auf die Einstellung des Kranken an. Ist er mißtrauisch und sehr reizbar, so ist er auch eheunfähig. Gehört er zu den freundlichen, dankbaren und liebenswürdigen Typen, die sich mit ihrem Schicksal abgefunden haben, dann braucht man nach entsprechender Aufklärung der Braut der Eheschließung nicht zu widersprechen.

Gegen die Eheschließung ehemaliger Fürsorgezöglinge ist dann nichts einzuwenden, wenn die Fürsorgeerziehung vorwiegend aus Milieugründen angeordnet worden war. Selbstverständlich muß in allen Fällen auch die Persönlichkeit als solche bewertet werden, wenn man nicht zu Fehlschlüssen kommen will, denn unter den Fürsorgezöglingen finden sich sehr viel geistig Abnorme. Die Zahl derjenigen, bei denen die Fürsorgeerziehung vorwiegend wegen ungünstigen Milieus durchgeführt wird, ist gering. Sie beträgt nach meinen Erfahrungen etwa 15%. —

Schließlich ist noch ein kurzes Wort darüber zu sagen, ob man vom Standpunkt des Eheberaters Entmündigten die Ehe gestatten soll. Erfolgte die Entmündigung wegen Geisteskrankheit, so ist wegen Geschäftsunfähigkeit eine Verheiratung von vornherein ausgeschlossen (§ 1325 BGB.)[13]). Erfolgte sie wegen

---

[13]) Einige Male hatte ein wegen Geisteskrankheit Entmündigter unter Verheimlichung der E. die standesamtliche Trauung erreicht und es wurde

Geistesschwäche, dann bedarf es der Zustimmung des Vormundes. Ich habe meist abgeraten und nur dann keine Schwierigkeiten gemacht, wenn es sich um ruhige, harmlose, leicht psychopathische oder schwachsinnige Persönlichkeiten handelte, bei denen die oben als bedenklich geschilderten Erscheinungen nicht besonders hervortraten. —

Wie neuere Entscheidungen des Reichsgerichts mit Recht besagen, sind derartige Ehen von vornherein als nicht vollwertig anzusehen. Vom Standpunkt der Eugenik sind sie nur ausnahmsweise tragbar, so daß der Eheberater sich nicht allzu oft zu einer Zustimmung wird entschließen können.

Bezüglich der Verwandtenehen habe ich mich, wie viele andere Autoren, auf den Standpunkt gestellt, daß nicht so sehr die Tatsache der Verwandtschaft ausschlaggebend für die Ablehnung des Ehekonsenses sein darf, als vielmehr das Ergebnis der psychiatrischen Untersuchung und der Erblichkeitsfrage bei den beiden Kandidaten. Wo viele und schwere erbliche Belastung vorliegt und wo vor allen Dingen die Ehebewerber selbst deutliche Zeichen einer psychopathischen Konstitution zeigen, wird man ablehnen müssen.

In den bisherigen Ausführungen ist immer nur davon die Rede gewesen, daß ein Ehebewerber pathologisch ist. Die Erfahrung hat nun aber gelehrt, daß nicht selten beide Ehekandidaten psychische Anomalien aufweisen. Daß der Ehekonsens in solchen Fällen nur erteilt werden kann, wenn trotz der vorhandenen Abweichungen der Bestand der Ehe gewährleistet ist, habe ich an anderer Stelle bereits ausgeführt. Zu prüfen ist dabei die Frage, ob beide Teile fähig sind, die Besonderheiten des Anderen dauernd zu ertragen. —

Mit den vorstehenden Ausführungen ist mein Überblick über die psychiatrische Eheberatung beendet. Eins wird man aus meinen Darlegungen wohl entnehmen können, nämlich, daß es einer gewissen Übung in der Diagnose der Psychopathien und in der Wertung der einzelnen Symptome bedarf, wenn man wirklich Nutzen bringen will. Als Eheberater kommen infolgedessen auch nur solche Ärzte in Betracht, die eine besondere Ausbildung dafür haben. Sie werden gute psychiatrische Kenntnisse besitzen und eine Zeitlang unter Anleitung die Eheberatung praktisch ausüben müssen, ehe sie sich ein selbständiges Urteil zutrauen dürfen. Es gehört dazu meiner Ansicht nach eine mindestens zweijährige psychia-

dann die Frage aufgeworfen, ob eine Umwandlung der E. wegen Geisteskrankheit in eine solche wegen Geistesschwäche möglich sei, um die Ehe nachträglich zu legalisieren. Ich habe mich in allen Fällen ablehnend verhalten müssen, weil die in Betracht kommenden Persönlichkeiten auch nicht ehefähig waren.

trische Ausbildung und dann die Teilnahme an Kursen und Übungen, in denen die Menschen unter den hier geschilderten Gesichtspunkten angesehen werden. Wo anders verfahren wird, hat den Nachteil die Eheberatungsstelle und das Problem der Eheberatung.

Literatur.

Wollenweber: Z. Med. B. 1923; Ä.-Vereinsbl. 1926 S. 404. — Veröff. Med. Verw. Bd. XXV, H. 4; *Fetscher:* Arch. soc. Hyg. 1926 u. 1927 u. Ärztl. Mitt. 1928 S. 246; Ges. Austausch von Ges. Zeugnissen 1917 München b. J. F. Lehmann; *M. Hirsch:* Das ärztl. Heiratszeugnis 1921 Leipzig b. Kabitsch; *Hübner:* Psychische Hygiene und psychiatrische Eheberatung. Z. f. ps. Hyg. II. Bd. S. 1. — Volksaufartung 1926 S. 147; *Muckermann:* Volksaufartung 1928 S. 285; *Ostermann:* Volksaufartung 1928 S. 293; *Raecke:* Ä. M. 1928 S. 337; *Nevesmann:* Eheberatung 1931 Leipzig b. Kabitsch; *Gerlach:* Eheberatung. Handb. der Staatsmed. 1931 Berlin b. Heymann; *Van de Velde:* E. T. oder E. U. Berlin 1931.

Neue Formen des Alkoholismus und Mittel seiner Bekämpfung — im Hinblick auf die psychisch-eugenische Entwicklung des Deutschen Volkes.

Von
Professor Dr. J **Gonser**, Berlin-Dahlem.

Innerhalb der deutschen Antialkoholbewegung hat sich heute als gemeinsame Überzeugung durchgesetzt:

1. Der Alkoholismus, wie er im Jugend- und Familienleben, in der Werktagsarbeit und Sonntagsruhe, im Krankenhaus und in der Strafanstalt usw. sich auswirkt, wird mit Aussicht auf Erfolg nur bekämpft, wenn nach seinen Ursachen geforscht wird (nach den endogenen und exogenen Ursachen).

2. Der Alkoholismus selbst bildet wiederum eine verhängnisvolle Ursache weitestreichender und tiefstgreifender Notstände nicht nur im Einzelleben, sondern im öffentlichen Leben. Die Alkoholfrage wird heute gewertet nicht in erster Linie als individualhygienische, sondern als sozialhygienische Frage — also als eine Frage, von deren Lösung die Erhaltung und Mehrung der Volkskraft, die durchschnittliche Leistungs- und Widerstandsfähigkeit, der Aufstieg und der Aufbau unseres deutschen Volkes ganz wesentlich abhängt.

Damit ist der enge Zusammenhang dieser Bestrebungen mit denjenigen des Verbandes für psychische Hygiene gegeben.

Geht der Alkoholismus in Deutschland zurück? Die Herstellung geistiger Getränke ist gesunken. Dies erklärt sich daraus, daß die mäßigen Leute zurückliegender Jahre noch mäßiger geworden sind (teils aus Sparnotwendigkeit, teils mit Rücksicht auf die allgemeine Not). Diejenigen, welche, sei es infolge von Vererbung oder infolge übermächtiger Umwelt-Versuchungen, oder infolge von selbstverschuldetem Nachlassen von Pflichtgefühl und Verantwortlichkeitsgefühl (Genußsucht und Leichtsinn) Opfer des Alkohols werden und sind, sind an Zahl sehr wenig zurückgegangen. Planmäßige Aufklärung und Erziehung, ebenso die organisierte Fürsorge dürfen darum nicht nachlassen.

Dies um so weniger, als der Alkoholismus zurzeit neue

Formen angenommen hat: Der Übermuts- und Behäbigkeitsalkoholismus sind zurückgetreten; der Sorgen- und Notalkoholismus ist gestiegen. Der grobe Alkoholmißbrauch ist weithin zurückgegangen; aber er ist vielfach gefährlicher geworden, weil er sich auswirkt hinein in Massenversammlungen, Massenaufzüge usw. (was können heute einige wenige Alkoholiker anrichten inmitten der aufgewühlten politischen Leidenschaften!). Im Verkehrsleben (Kraftwagenunfälle!) ebenso wie angesichts der heute überall steigenden Anforderungen an Gedankenklarheit und Willenssicherheit im modernen Leben spielt jeder Alkoholmißbrauch eine ernstere Rolle als in den ruhigeren und gemütlicheren Zeiten der Vergangenheit. Zu diesen neuen Formen des Alkoholismus treten die alten hinzu, die nicht verschwunden sind: Zusammenhänge des Alkoholmißbrauchs mit Jugendgefahren, mit Vergehen und Verbrechen, mit wirtschaftlichen Schädigungen und Unfällen usw.

Gegenüber diesen neuen Formen —: die neuen Mittel und Wege der Bekämpfung:

Auf der Linie der wissenschaftlichen Forschung stehen im Vordergrund die Probleme: Inwieweit wirkt der Alkoholmißbrauch keimschädigend (neueste Untersuchungen von Frau Dr. *A. Bluhm*, Dr. *Fetscher* u. a.)? Inwieweit ist der Alkoholmißbrauch eine Ursache, vielleicht eine Hauptursache der spezifischen Männersterblichkeit (Untersuchungen von Dr. *Bandel*, Nürnberg)? Inwieweit wirkt der Alkohol auf die Erwägungen und Entscheidung der »Schrecksekunde«? (Kraftwagenverkehr).

Auf der Linie der Aufklärung sind die Aussichten heute günstiger als früher, weil die Aufsichtsbehörden großer Beamtenschaften (z. B. der Eisenbahn, der Post, der Polizei u. a.) in sehr entschiedenen Kundgebungen eine ernste Beschäftigung mit dem Alkoholproblem zur Dienstpflicht machen; weil in der Jugend- und Frauenbewegung neue Kräfte in diesem Sinne sich regen und betätigen; weil bei Sportlern und Turnern beste Anknüpfungspunkte gegeben sind usw.

Auf der Linie der Gesetzgebung gilt es, heute dafür besorgt zu sein, daß die wertvollen Bestimmungen des neuen Gaststättengesetzes nicht auf dem Papier stehen bleiben, sondern in die Wirklichkeit übergeführt werden (z. B. die Jugendschutzbestimmungen).

Auf der Linie der praktischen Einrichtungen (Besseres an die Stelle des Gefährlichen) steht im Vordergrund die »Gärungslose Früchteverwertung« (Süßmoste! Flüssiges Obst!), welche in der Lehr- und Versuchsanstalt für gärungslose Früchteverwertung in Obererlenbach bei Frankfurt a. M. einen festen Mittelpunkt gefunden hat.

Die alkoholgegnerischen Vereine (insbesondere der Deutsche Verein gegen den Alkoholismus mit seinen mehreren Tausend von ärztlichen Mitgliedern) fühlen sich also in wesentlichen Grundsätzen, Voraussetzungen und Forderungen in engster Gedanken- und Arbeitsverbindung mit dem Verein für psychische Hygiene.

In Bildern aus der Wirklichkeit zeigte der Redner zum Schluß, auf welchen Gebieten im einzelnen gemeinsame Interessen und gemeinsame Betätigungsmöglichkeiten (für Trinkerfürsorge und für Vorbeugung) vorliegen — in gegenseitiger Ergänzung und Hilfeleistung.

Die Praxis der Eheberatung und Sterilisierung.

Von

Prof. Dr. **Fetscher**, Dresden.

Bei der Kürze der verfügbaren Zeit bleibt kaum ein anderer Weg, einige Erfahrungen aus der Praxis der Eheberatung mitzuteilen, als sich zunächst einiger Zahlenangaben zu bedienen. In der Zeit vom November 1926 bis April 1932 konnte ich insgesamt 5231 Personen beraten, davon allein 4688 in meiner Dresdner Beratungsstelle, während der Rest auf ländliche Beratungsstellen der Umgebung entfällt, die ich im Laufe der Jahre gründen konnte, um sie nach kurzer Führung an geeignete Kollegen abzugeben. Gegenwärtig führe ich außer meiner Dresdener Stelle noch eine ebensolche in Bautzen, welche durch die Eigenart der Bevölkerung — zu einem erheblichen Bruchteil Wenden — besondere und interessante Aufgaben stellt.

War ursprünglich, auch von den geistigen Vätern der Eheberatung die gesundheitliche Beratung von Brautpaaren vor der Eheschließung als alleinige Aufgabe gedacht, so erwies sich sehr bald, daß die reine Heiratsberatung nur einem Teil der Erfordernisse entspricht; 42,7% der Fälle meines Materials sind Heiratsberatungen. Dabei ist zu bemerken, daß es sich auch hier eigentlich fast immer schon um »Beratungen in der Ehe« handelt, da 98% der Paare Geschlechtsbeziehungen schon aufgenommen haben, bevor sie zur Beratung kommen. Daraus folgt unser Wunsch, die Heiratsberatung möglichst früh stattfinden zu lassen, am besten vor der Verlobung, also zu einem Zeitpunkt, zu dem die Vorbereitungen zur Ehe noch nicht so weit gediehen sind, daß es schwer fällt, sie wieder zurückgängig zu machen. Aus dem Gesagten bitte ich nicht zu folgern, daß unsere Heiratsberatung von vornherein aussichtslos oder vergeblich wäre. Wir dürfen nur von den Paaren nichts verlangen, was sie nicht erfüllen können. Sie werden oftmals, wenn sie zu uns zur Beratung kommen, nicht mehr auf die Eheschließung zu verzichten gewillt sein, dafür aber gelingt es durchaus, die Ehe nach eugenischen Gesichtspunkten zu gestalten, d. h. unter Umständen einen Fortpflanzungsverzicht zu erreichen. Je nach Lage des Falles wird man dabei zur Sterilisierung greifen oder auch andere Methoden heranziehen. Die Richtlinien, nach denen zu verfahren ist, formuliere ich seit Jahren folgendermaßen:

1. Allgemein ehe- (bzw. fortpflanzungstauglich) sind gesunde Personen aus gesunden Familien.

2. Gegenwärtig eheuntauglich sind Personen mit heilbaren Ehehindernissen, unter denen Tuberkulose und Geschlechtskrankheiten im Vordergrund stehen, aber auch Phimosen usw. eine Rolle spielen.

3. Dauernd allgemein eheuntauglich sind Personen, die an schweren Erbleiden erkrankt sind, dauernd fortpflanzungs-, bzw. gebärunfähig sind, an schweren Giftsuchten leiden oder sexuellen Perversionen verfallen sind.

Als Erbleiden werden in Betracht zu ziehen sein: Schizophrenie, Manisch-depressives Irresein, Paranoia, Epilepsie, Schwachsinn, erbliche organische Nervenleiden, aber auch Bluterkrankheit, Taubstummheit, Labyrinthschwerhörigkeit, bestimmte Blindheitsfälle u. a. m. Als Beweis dafür, daß die Gradausprägung eines Leidens stark ins Gewicht fällt, möchte ich erwähnen, daß ich auch zweimal wegen schwerster multipler Exostosen ein Fortpflanzungsverbot aussprechen mußte. Meine Aufzählung erhebt deshalb in keiner Weise Anspruch auf Vollzähligkeit.

Auch nicht erbliche Leiden können dauernde Eheuntauglichkeit bedingen. Ich erinnere an Tabes und Paralyse, multiple Sklerose, manche Fälle postenzephalitischer Störungen oder, um etwas Fernerliegendes zu erwähnen, Lepra usw.

4. Beschränkt ehetauglich sind die gesunden Abkömmlinge und Geschwister von Personen, die an schweren Erbleiden erkrankt sind. Sie müssen Blutsverwandtenehen und Heirat in gleichbelastete Familien vermeiden.

Über das Ergebnis der Untersuchung wird ein Zeugnis ausgestellt, das nichts über die Gründe des Urteils aussagt, sondern nur dieses selbst enthält.

Zeugnis

Herr (Frl.) . . . . geb. . . . . in . . . . ist, soweit sich gegenwärtig feststellen läßt, als

ehetauglich

usw.

zu bezeichnen.

Noch größeren Wert als auf das Zeugnis lege ich auf die mündliche Erörterung des Ergebnisses, möglichst mit beiden Teilen gleichzeitig, wobei die nötigen praktischen Folgerungen aus dem Urteil gezogen werden. Darüber hinaus habe ich mir angewöhnt, dem jungen Paar eine Art »Traurede« zu halten, in der über den Sinn der Ehe und ihre Gestaltung einiges gesagt wird. Ich habe einen Teil dieser Ausführungen an anderer Stelle unter der Bezeichnung »Ehepflege« mitgeteilt.

21,0% meiner Fälle betreffen Eheberatungen im engeren Sinne, also Beratungen von Ehepaaren. Vielfach handelt es sich darum, nun nachzuholen, was besser vor der Ehe besprochen worden wäre, doch treten hier an den Eheberater auch eine große Zahl außerordentlich verschiedenartiger Fragen heran, die irgendwie auf Schwierigkeiten des Zusammenlebens zurückgehen. Die wichtigsten Gruppen von Fragen sind:

1. Eifersucht, die nicht ganz selten Symptom einer geistigen Störung ist (Trunksucht, Paralyse), aber auch in den verschiedensten Ausbildungsgraden isoliert vorkommt.

2. Sexuelle Untreue und zwar nicht nur der Männer bis hinüber zur Promiskuistät beider Gatten, wobei die eigenartigsten Formen der Kuppelei vorkommen.

3. Lieblose Behandlung und Vernachlässigung des einen Teils durch den anderen. Besonders häufig ist dabei, daß der Ehemann seine Frau in gröbster Weise mißhandelt, wenn eine ihm unerwünschte Schwangerschaft eingetreten ist.

4. Gefühls- und Potenzstörungen von Mann und Frau. Namentlich die weibliche Frigidität spielt eine außerordentlich große Rolle und ist oftmals der Anlaß zur Untreue des Mannes.

5. Seltener sind Perversionen in der Ehe, die zu Zerwürfnissen führen, doch kommen tatsächlich auch in jahrelang bestehenden Ehen alle möglichen Formen vor, vom Sadismus bis zum Fetischismus.

Sexualberatungen, d. h. Beratung von Unverheirateten in geschlechtlichen Fragen betreffen 36,3% meiner Fälle. Das Bild ist hier womöglich noch bunter. Ich gruppiere, um Ihnen einen einigermaßen brauchbaren Überblick zu geben:

1. Erziehungsschwierigkeiten der verschiedensten Art. Meist handelt es sich um kindliche Onanie, sexuelle Spielereien, sexuelle Aufklärung u. a. m.

2. Jugendliche beiderlei Geschlechts kommen oftmals wegen Onanie, besonders wenn sie eine der üblichen Broschüren über sie gelesen haben und sich vor dem Ausbruch einer schweren Krankheit fürchten.

3. Sehr häufig ist leider Homosexualität Beratungsgegenstand, die auch in der Phantasie unserer Jugendlichen einen größeren Raum einnimmt, als ohne äußere Anstöße verstanden werden kann.

4. Sexuelle Perversionen, darunter besonders häufig Pädophilie und Exhibitionismus, ferner Fälle der verschiedensten Art, Zoophilie, die zahlreichen Variationen sexueller Neurasthenie.

5. Eine sehr sympathische Gruppe Jugendlicher kommt mit

»Prinzipienfragen«. »Darf man«, »soll man«, »muß man«, lauten die Einleitungen. Oft sind die eigentlichen Fragen ganz versteckt und müssen erst in einem Gespräch gefunden werden. So begann einmal ein Jugendlicher mit der Frage: »Warum fühle ich mich unglücklich ?«.

M. D. u. H.! Ich habe Ihnen zunächst einen groben Überblick über das Gesamtgebiet der Beratung gegeben, wobei ich mich leider auf Stichworte beschränken mußte, so lockend es wäre in Einzelheiten einzugehen, um dabei zu zeigen, daß hier noch eine große Zahl von Fragen und Aufgaben aus dem Gebiete der psychischen Hygiene vorliegen, die bisher so gut wie unbeachtet blieben. Ich erinnere nur daran, daß rechtzeitige Klärung drängender Fragen manchem Selbstmord eines Jugendlichen vorbeugen kann oder daß eine Gestaltung der Ehe, die beiden Gatten das Gefühl harmonischen Zusammenlebens sichert, auch die Leistungsfähigkeit und die Widerstandskraft gegen die Schläge äußeren Schicksals stärkt, über die seelischen Schwierigkeiten materieller Notlage und langer Arbeitslosigkeit hinweghilft, ja unserem armen Leben einen Sinn gibt, der über die Begrenzung menschlichen Daseins hinausreicht.

Wenden wir uns aber noch einer Sonderfrage zu, die mit Rücksicht auf die Ausführungen von *Rüdin*, *Luxenburger* und *Ebermayer* von besonderem Interesse ist. Ich meine die Sterilisierung.

Die Gesetzgebung kommt wohl in der Regel später als die Praxis. Ja, man könnte sogar behaupten, es müssen erst praktische Erfahrungen vorliegen, bevor die gesetzliche Regelung möglich ist. Die Unsicherheit der gesetzlichen Lage muß dabei zunächst einmal in Kauf genommen werden. Tatsache ist aber, daß eine ungenügende Gesetzgebung Sterilisierungen nicht unmöglich macht. Ich konnte dies durch eine a. O. veröffentlichte Rundfrage an die 95 deutschen Städte mit über 50000 Einwohnern beweisen, von denen 17 Sterilisierungen aus eugenischen und sozialen Gründen schon vorgenommen hatten, 6 weitere solche beabsichtigten. Von 1928/29 wurden insgesamt 112 Personen durch die Gesundheitsämter sterilisiert, darunter 6 Minderjährige, bzw. Entmündigte. Bei diesem Vorbild hat der Eheberater keinen Grund, zurückhaltender als Behörden zu sein, besonders wenn er, wie ich, völlig unabhängig von irgendwelchen Amtsstellen ist. Freilich waren die Widerstände namentlich zunächst ziemlich groß. Immerhin gelang es zu sterilisieren:

	Vorschläge	durchgeführt
1929	18	11
1930	21	15
1931	24	20
1932 (1. Viertel)	9	7
	72	53

Sterilisierungsgründe waren:

1. Erkrankungen der Sinnesorgane	8
2. Schwachsinn	17
3. Epilepsie	8
4. Endogene Psychosen	9
5. Sonstige Gründe (Psychopathie, Trunksucht usw.)	11
	53

Die Geschlechter sind dabei annähernd gleich häufig vertreten, nämlich 28 Frauen und 15 Männer. Mit Frauen hat man meist weniger Schwierigkeiten, auch bei Vormundschaftsgerichten, da diesen besonders bei schwachsinnigen Mädchen meist einleuchtet, daß die Sterilisierung zugleich einen Schutz der Person, nämlich vor unehelichen Schwangerschaften bedeutet. Auch die Finanzdezernenten sehen meist ein, daß es für sie rentabel ist, die Kosten zu genehmigen. Die Sterilisierung eines Mannes kommt alles in allem auf etwa 60 RM., einer Frau auf 120 RM. Die Gemeinde aber kostet ein einziges uneheliches Kind in einem Jahre 300 RM., ganz abgesehen von jenen Fällen, in denen Anstaltsbedürftigkeit des Kindes Ausgaben von 10—12000 RM. nur während der Dauer der Schulpflicht bedingt.

Öfters begegnet mir die Frage, ob ich nicht durch die Sterilisierungen Unannehmlichkeiten mit Behörden und Patienten gehabt habe. Das Dresdner Vormundschaftsgericht hat erklärt, die Sterilisierung liegt im Ermessen des Vormunds, also sind wir bei Entmündigten und Minderjährigen soweit gedeckt; die Patienten selbst sind aber durchweg dankbar. Ich kann sogar ängstliche Naturen immer wieder durch früher Sterilisierte über die Art des Eingriffes und seine Folgen belehren lassen, wozu sie sich freiwillig erboten haben. All diese Widerstände sind überwindbar.

Dennoch halte ich eine gesetzliche Regelung nicht nur für erwünscht, sondern notwendig. Nicht nur im Hinblick auf die Forderung eugenisch erwünschter Sterilisierungen, sondern auch im Hinblick darauf, lassen Sie mich es aussprechen, daß Gefälligkeitssterilisierungen oft genug von Frauenärzten indikationslos vorgenommen werden. Förderung nötiger, Verhinderung indikationsloser Sterilisierungen muß Sinn des Gesetzes sein. Die Eheberatungsstellen haben aber nicht nur die Aufgabe, die Erfahrungen für das künftige Gesetz zu schaffen, sondern werden später auch die gegebenen Vermittlungsorgane des Eingriffes sein, als die ersten Einrichtungen praktischer Eugenik.

Dafür bedarf es freilich auch noch einiger organisatorischer Entwicklungen. Zunächst darf Eheberatung nicht Tummelplatz kurpfuscherischer Bestrebungen oder irgendwelcher privater Vereine sein, die in der Regel mehr guten Willen als sachliche Eignung aufweisen. Ich könnte dafür eine Reihe von Belegen bringen. Dazu bedarf es der Konzessionierung der Beratungsstellen. Ich meine, daß uns das Gesetz zur Bekämpfung der Geschlechtskrankheiten dazu einige Handhaben bietet. Am besten wäre es, die Länderregierungen entschlössen sich zu einer Verordnung, nach der Einrichtung und Betrieb einer Ehe- und Sexualberatungsstelle einer besonderen Genehmigung bedürfte und an den Nachweis geknüpft sein müßte, daß die Leitung in der Hand eines geeigneten Arztes — nicht jeder ist geeignet — läge.

Damit wird allerdings die jetzt noch vielfach übliche »ehrenamtliche« Beratertätigkeit endigen. Wie etwa die Dinge liegen, sehen Sie daraus, daß z. B. ich persönlich lediglich für Patienten bezahlt werde, die Mitglieder der Ortskrankenkasse Dresden sind, da die Leitung der Kasse Einsicht und Verständnis für die Notwendigkeit der Einrichtung besitzt. Da nur 40% meiner Fälle der Ortskrankenkasse Dresden angehören, berate ich 60% meiner Fälle kostenlos, d. h. ohne jede Entschädigung, bisher rund 3000 Personen. Ich fürchte allerdings, daß in dem Augenblick, in dem die Beratungsstelle Kosten verursacht, die zuständigen Behörden einfach den Amtsarzt mit der Eheberatung betrauen werden. Auch darin ist keine sachliche haltbare Lösung zu erblicken. Bringt auch der Amtsarzt Kenntnis des ganzen sozialhygienischen Apparats seines Bezirkes als wichtige Arbeitsvoraussetzung mit, so ist damit noch keineswegs gesagt, daß er zugleich auch die persönliche und fachliche Eignung besitzt. Es wird deshalb darauf ankommen, in Fortbildungskursen Ärzte für die Aufgabe zu schulen. Als Vorsitzender der Vereinigung öffentlicher Eheberatungsstellen begrüße ich es deshalb besonders dankbar, daß das preußische Wohlfahrtsministerium die Abhaltung eines solchen Kurses durch die Bereitstellung der allerdings etwas knappen Summe von 500 RM. ermöglichen will. In Sachsen fand vor zwei Jahren schon ein 14 tägiger Kurs gleicher Art statt, durch den ein Kreis interessierter Ärzte geschaffen wurde, welche den Stamm darstellen, aus dem sich die späteren Eheberater rekrutieren können. Die Zeit ist reifer denn je zur Verwirklichung eugenischer Bestrebungen. Je größer die Not, um so wichtiger ist es, daß ein Volk aus leistungsfähigen Menschen bestehe, denn über Sieg und Niederlage eines Volkes entscheidet doch letzten Endes seine biologische Widerstandskraft. Es kommt daher entscheidend darauf an, unsere ersten Ansätze einer praktischen Eugenik zu erhalten und auszubauen. Dazu aber gehört:

1. Innerer und organisatorischer Ausbau der Ehe- und Sexualberatung, insbesondere auch Einführung eines Konzessionszwanges.

2. Fortführung der Sterilisierungen und baldige gesetzliche Regelung der Frage.

Künftigen Jahren aber wird es vorbehalten sein, die freiwillige Eheberatung in eine zwangsweise umzugestalten, wenn als vorbereitende Aufgabe die Katalogisierung der erbkranken Familienstämme gelöst ist.

Die Verwirklichung eugenetischer Forderungen innerhalb der evangelischen Liebestätigkeit.

Von Dr. med. Dr. phil. **Hans Harmsen,** Ärztlicher Referent des Central-Ausschusses für Innere Mission.

Nicht staatlicher, sondern privater Initiative ist vor gerade 95 Jahren die Gründung der ersten Schwachsinnigenanstalt durch den Pfarrer Karl Georg *Haldenwang* in Wildberg zu danken. Den Gründungen im protestantischen Schwaben folgten bald ebensolche in Schlesien und Bayern.

Ein Markstein wurde die 1857 erscheinende Schrift des Pastors Julius *Disselhoff*, Kaiserswerth: »Die gegenwärtige Lage der Kretinen, Blödsinnigen und Idioten in den christlichen Ländern. Ein Not- und Hilferuf für die Verlassensten unter den Elenden an die deutsche Nation.« Herausgegeben vom Rheinischen Provinzialausschuß für Innere Mission. Ihr praktisches Ergebnis waren zahlreiche Anstaltsgründungen. Darunter dürfen vielleicht die Alsterdorfer Anstalten des P. Dr. *Sengelmann* besonders erwähnt werden, der 1885, nach 20jähriger praktischer Erfahrung das erste systematische Lehrbuch der Idioten- und Heilpflege, den »Idiotophylus« herausgab. Dieses zu Unrecht vergessene Werk behandelte damals bereits eine Reihe Fragen, die in unserer Zeit zur Gründung des Deutschen Verbandes für psychische Hygiene führten. Ich darf endlich auch an die weltbekannten Betheler Anstalten erinnern, die heute mehr als 250 Epileptiker, 800 Geistes- und Nervenkranke und 3700 sonstige Kranke und Gebrechliche — meist erblich schwer belastet — beherbergen. Für diese Gruppe Fürsorgebedürftiger stellt die Innere Mission 60 Anstalten mit 27 Abteilungen und insgesamt über 16500 Betten zur Verfügung.

Die fortschreitenden Erkenntnisse der Psychiatrie über die Bedeutung der Vererbung mußten die Jahrhunderte alte Frage nach dem Zwangsverlauf alles Geschehens oder der sittlichen Selbständigkeit der Persönlichkeit erneut aufrollen. Auf Veranlassung des Central-Ausschusses für Innere Mission beschäftigte sich im Oktober 1906 eine besondere Konferenz mit der Frage der erblichen Belastung und ethischen Verantwortung. In eingehenden Untersuchungen kam man zu dem Ergebnis, daß die Willensfreiheit keineswegs durch erbliche Belastung aufgehoben ist, gleichzeitig aber wurde »verantwortliche Zeugung und Prüfung der erbbiologischen Gesundheit vor der Eheschließung« gefordert.

Im Rahmen eugenetischer Wirkungsmöglichkeiten stehen zurzeit die negativen Maßnahmen der Ausschaltung Erbbelasteter von der Fortpflanzung im Vordergrund, weil leichter durchzuführen. Es muß deshalb an dieser Stelle mit Nachdruck darauf hingewiesen werden, daß der Asylisierung Zehntausender von Körper- und Sinngebrechlichen in den Anstalten der Freien Wohlfahrtspflege (Innere Mission, Caritas) außerordentlich hohe Bedeutung zukommt. Dennoch wird man mit diesem Weg allein nicht auskommen. Die Strukturwandlungen innerhalb unseres Bevölkerungsaufbaues, die quantitative und qualitative Änderung der Fruchtbarkeit machen eine eugenetische Neuorientierung der Wohlfahrtspflege dringend erforderlich. Im Anschluß an die Forderungen von *Boeters* (Lex Zwickau) kam es bereits 1924/25 in evangelisch-kirchlichen Kreisen zu eingehenden Erörterungen über die Sterilisierung.

Januar 1931 veranlaßte der Central-Ausschuß für Innere Mission die Bildung einer Fachkonferenz für Eugenik, an der neben den Leitern der größten Anstalten Chefärzte und führende Theologen teilnahmen. Die Konferenz hielt im Mai vorigen Jahres ihre erste Arbeitstagung in Treysa ab (vgl. Bericht Innere Mission Nov. 1931). Die Bedeutung der Konferenz liegt darin, daß trotz großer Verschiedenartigkeit des Ausgangspunktes für die Stellungnahme des einzelnen im Ergebnis alle zu der gleichen Auffassung zu den vorliegenden Fragen kamen. Die Notwendigkeit einer eugenetischen Neuorientierung der Wohlfahrtspflege und Sozialpolitik wurde bejaht und die Forderung nach einer differenzierten Fürsorge erhoben. Erhebliche Aufwendungen sollten nur für solche Gruppen Fürsorgebedürftiger gemacht werden, die voraussichtlich volle Leistungsfähigkeit wiedererlangen. Daneben wurde besonders die Bedeutung der Asylisierung betont und an Hand zahlreicher Beispiele auf die schweren Gefahren hingewiesen, die eine vorzeitige Entlassung oder auch Beurlaubung dauernd Bewahrungsbedürftiger mit sich bringt.

Sehr eingehend waren die Beratungen über die Frage der Sterilisierung. Die Konferenz fühlte hier eine besondere Verantwortung, zumal die Enzyklika des Papstes Pius XI. die Sterilisierung als eugenetische Maßnahme soweit ablehnt, als sie nicht gleichzeitig Strafmaßnahme darstellt. Das Problem wurde sowohl vom sittlich-religiösen Standpunkt wie im Hinblick auf das geltende Recht behandelt. Man kam zu folgender Feststellung:

»Gott gab dem Menschen Seele wie Leib, er gab ihm die Verantwortung für beides — nicht aber ein Recht, nach freiem Belieben damit zu schalten. Scharf ist deshalb die heutige mißbräuchliche Vornahme sterilisierender Eingriffe zu geißeln, die als Maßnahme der Geburtenregelung egoistischen Beweggründen entspringt. Dennoch fordert das Evangelium nicht die unbedingte Unversehrtheit des Leibes. Führen seine von Gott gegebenen Funktionen zum Bösen oder zur Zerstörung seines Reiches in diesem oder jenem Glied der Gemeinschaft, so besteht nicht nur das Recht, sondern eine sittliche Pflicht zur Sterilisierung aus Nächstenliebe und der Verantwortung, die uns nicht nur für die gewordene, sondern auch die kommende Generation auferlegt ist. Die Konferenz ist deshalb der Meinung, daß in gewissen Fällen die Forderung zur künstlichen Unfruchtbarmachung religiös-sittlich als gerechtfertigt anzusehen ist.... Um den auf diesem Gebiet herrschenden Mißbräuchen nachdrücklichst begegnen zu können, erscheint es der Konferenz dringend wünschenswert, daß die ohne Einspruch des Betreffenden vorgenommene Sterilisierung nicht als Körperverletzung im strafrechtlichen Sinne anzusehen ist, sofern sie aus eugenetisch-sozialer Indikation vorgenommen und nach den Regeln der ärztlichen Kunst durchgeführt wird. Als eugenetisch-soziale Gründe sind nur die auf Grund erbbiologischer Kenntnis gebotenen Rücksichten auf eine zu erwartende asoziale Nachkommenschaft anzusehen.«

Darüber hinaus beschäftigte sich die Konferenz auch mit der sogenannten eugenetischen Indikation, die die Vornahme einer Abtreibung rechtfertigen soll. In dem Schlußprotokoll heißt es über diesen Punkt:

»Die Konferenz ist grundsätzlich der Auffassung, daß ein deutlicher Unterschied zwischen der Verhütung der Entstehung erbkranken Lebens und der Vernichtung entstandenen Lebens zu machen ist. Sie lehnt eine Ausdehnung der eugenetischen Indikation für die Schwangerschaftsunterbrechung ab. Die Achtung vor dem Leben verpflichtet uns, auch solche Not als Teil einer Gesamtschuld zu tragen.«

Im Bewußtsein der großen Verantwortung, die die Träger der Anstalten für Anormale und geistig Gebrechliche gegenüber der Gesamtheit des Volkes haben, empfahl die Konferenz allen Anstalten die U n t e r s t ü t z u n g d e r e r b b i o l o g i s c h e n F o r s c h u n g durch Verwendung eines Einheitsformulars und sowohl die Verwendung einer Individual- wie einer Familienkartei. Auf Grund der Erfahrungen, die in dieser Richtung bereits in den Alsterdorfer Anstalten gesammelt sind und in Übereinstimmung mit den Wünschen des Kaiser-Wilhelm-Instituts für Anthropologie in Berlin-Dahlem ist nunmehr ein einheitliches Vorgehen beschlossen. Erst diese Untersuchungen offenbaren die tragische Bedeutung der Erbbelastung für den überwiegenden Teil unserer Anstaltsinsassen und geben einen deutlichen Hinweis auf erbkranke Stämme und Familien. Wir hoffen und wünschen, daß wir bei diesen Bestrebungen auch die Unterstützung nicht nur der Kirchenverwaltungen, sondern auch der amtlichen Stellen und besonders der Fürsorge- und Wohlfahrtsbehörden finden, und durch diese Arbeit zu unserm Teil dazu beitragen können, die Aufklärung über die Bedeutung der erblichen Belastung in weiteste Kreise zu tragen.

Theoretisch und praktisch besteht also weithin Übereinstimmung zwischen den Bestrebungen des Deutschen Verbandes für psychische Hygiene und der eugenetischen Orientierung evangelischer Liebestätigkeit.

Angesichts der Tatsache, daß eugenetische Forderungen heute in breitesten Kreisen diskutiert werden, und angesichts der Entschließung des Preußischen Staatsrates, dessen wertvollen Kerngedanken wir durchaus bejahen, wenn auch die Formulierung im einzelnen nicht gerade glücklich ist, erscheint es notwendig, an dieser Stelle mit aller Schärfe jene Vorschläge abzulehnen, die auf eine staatliche Vernichtung aller Minderwertigen, Erbbelasteten und Krüppel hinauslaufen. Derartige Pläne, wie man sie immer häufiger in der literarischen Öffentlichkeit hören kann, sind unseres Erachtens nur dazu geeignet, die wahre Eugenik auf das stärkste zu diskreditieren.

Wir haben auch größte Bedenken, alle Körper- oder Hirngebrechlichen als »minderwertig« zu bezeichnen, wie dies der Antrag des Preußischen Staatsrates tut. Erbbiologische Gesundheit ist keineswegs identisch mit »Hochwertigkeit«. Wir wissen vielmehr, daß auch Körper- und Sinngebrechliche ethische und sozial hochwertige Menschen sein können.

Die betonte, rein wirtschaftlich zweckvolle Einstellung der Eugenik übersieht die tiefen Werte und die Bedeutung, die das Leiden in dieser Welt als Schule der Barmherzigkeit und zur Weckung der menschlichen Liebeskräfte hat. Es erscheint bedenklich, wenn die eugenetischen Maßnahmen nicht tiefer begründet werden, als in dem bloßen Ziel, die Wohlfahrtslasten zu vermindern, d. h. mit reinen Nützlichkeitserwägungen.

Unsere Arbeit, die die Gesundung und Stärkung unseres Volkes an Leib und Seele zum Ziel hat, und selbstverständlich auch nicht an den Möglichkeiten einer negativen Eugenik vorübergehen darf, muß deshalb immer wieder eine Reinigung durch jene Liebe erfahren, die auch dort nicht endet, wo es keine Heilung mehr gibt, die auch den Elendesten umfängt und trägt.

Sozialethische Erwägungen zur Verhütung geisteskranker Nachkommenschaft.

Von

Prof. Dr. theol. **Jos. Mayer**, Paderborn.

Der belgische Jesuitenpater Fallon äußert sich in seiner Schrift über Eugenik: Mit dem Schöpferwort »Wachset und mehret euch«, kann der Schöpfer der Natur nicht gemeint haben, daß die Institution der Ehe eine Brutstätte zahlreicher menschlicher Monstra werden solle; der Sinn kann nur sein, daß die Einrichtung einer sittlich hochstehenden Ehe gerade der Erzeugung erbgesunder und lebenstüchtiger Menschen dienen solle. Fallon ist Professor an der Universität in Löwen, Mitbegründer und seit 1920 Mitglied des eugenischen Komitees in Brüssel, arbeitet also ähnlich wie bei uns Hermann Muckermann.

Die christliche Ethik lehrt, daß die einzelnen Menschen eine ungeheuere Verantwortung tragen vor der Eheschließung und während des Ehegebrauchs. Aus moralischem Verantwortungsgefühl heraus sollte an sich der erblich Belastete ebenso wie der Geschlechtskranke oder der Alkoholiker sich des ehelichen Verkehrs enthalten. Wir wissen aber aus der Erfahrung, daß minderwertige Ehepaare durchschnittlich dieses Pflichtgefühl, diese Verantwortung vermissen lassen. Darum sieht die Sozialethik gewisse Schranken, Sicherungen und Sanktionen vor. Auch nach katholischer Auffassung ist Ehe und Kindererzeugung nicht eine rein individuelle Angelegenheit, sondern in hervorragendem Maße eine Sache, welche die Gesellschaft angeht. Ehe ist ein überindividuelles Gemeinschaftsgebilde. Es ist urchristliche Tradition, wenn sowohl die anglikanische Kirche in ihrer Lambeth-Konferenz im August 1930 wie die katholische Kirche die Kindererzeugung in erster Linie als eine Angelegenheit der Gesellschaft auffaßt; die Kirche sieht in der Fortpflanzung nicht eine egoistische Angelegenheit, sie sieht darin die Fortpflanzung des Reiches Gottes, ein Wachsen des Volkes Gottes, sie sieht daher als das soziale und sittliche Ziel der Ehe die Zunahme lebenstüchtiger Mitglieder des großen Gottesstaates. Das ist schon

Augustinisches Gedankengut. Die christliche Sozialethik räumt deshalb der Kirche sowohl wie dem Staate gewisse Interventionsrechte ein; auch sucht die Kirche ungeeignete Ehen zu verhüten. Vor allem will die Kirche Volks-Erziehungsarbeit leisten. Die einzelnen Volksgenossen müssen zu einer gesunden Eheauffassung erzogen und müssen vor verderblichen Ehen gewarnt und bewahrt werden. Direkter Zwang und Strafmaßnahmen sind hierbei allerdings im kirchlichen Eherecht nicht vorgesehen. Die Kirche selbst verbietet Verwandtenehen und gestattet nur höchst ungern Ausnahmen. Schwer Geisteskranke können auch vor dem Forum der Kirche keine gültige Ehe schließen, da sie wesentliche Mängel im ehelichen Willen aufweisen. Es gibt mehrere Entscheidungen der höchsten eherichterlichen Instanz, welche Ehen für null und nichtig erklärten, wenn sich später herausstellte, daß der eine Ehepartner schon vor der Trauung einmal einen Schub von Schizophrenie erlitten hatte. Sind all diese kirchlichen Maßnahmen und Ehehindernisse zunächst auch anderen, besonders religiösen Motiven, entsprungen, so wirken sie wie alle Ehehindernisse eben doch volkserzieherisch und dadurch eugenisch. Sie sind nicht eugenisch erdacht, aber sie wirken sich faktisch eugenisch aus.

Gegen staatliche Zwangsmaßnahmen verhält sich die Kirche im allgemeinen ablehnend. Eheverbote haben ja nur die uneheliche Progenitur gefördert. Vorbeugende eugenische Sterilisierung bezeichnet Papst Pius XI. in der Eheenzyklika 1930 als einen Übergriff des Staates. Vor allem will er die allerpersönlichsten Urrechte des Individuums schützen. Zu diesen gehört die leibliche Unversehrtheit und die Fruchtbarkeit, die ohne verbrecherisches Selbstverschulden des einzelnen von der Gesellschaft nicht angetastet werden dürfen. Bisher waren blutige Eingriffe in die körperliche Unversehrtheit ausschließlich der Strafjustiz vorbehalten. Solche Maßnahmen drückten also den Betroffenen einen gesellschaftlichen Makel auf; sie waren als Verbrecher gegen das Gemeinwesen abgestempelt. Vor solcher Schmach will die Kirche unschuldige Kranke bewahren. Auch dürfte die Kirche die Möglichkeit einseitiger Klassenjustiz befürchten, wenn man einmal so weit wäre, auf Grund von Staatsgesetzen gewisse Menschen und Klassen der Zeugungsfähigkeit zu berauben; daß solche Befürchtungen nicht grundlos sind, lehrt uns die Erfahrung; wurde doch auf einem großen Parteitag zu Nürnberg 1929 von einem bekannten Führer die Forderung erhoben, daß jährlich rund eine Million Geburten um der Rasse willen verhütet werden müßten. Außerdem will der Papst die Vorrechte der Familien schützen; gewisse sittliche und rechtliche Interessen der Familien dürfen vom Staat nicht angetastet werden. Die sittliche Idee der Familie hat den Vorrang vor dem Staate! Er sieht außer den eugenischen Gesichtspunkten endlich noch andere, namentlich religiöse Güter, welche er schützen will; er denkt besonders an jene Gewissensfälle, wo es für einen belasteten Menschen, etwa einen Psychopathen, immer noch besser ist zu heiraten, denn als Junggeselle zu verwahrlosen. Ehe und Zeugungsfähigkeit sind aber für die Kirche so eng verkoppelte Begriffe, daß sie voneinander nicht getrennt werden können. Da sie eine Trennung von Ehe und Fortpflanzung nicht kennt, lehnt sie also die Sterilisierung ab. Auch sieht sie wohl in der völligen Kinderlosigkeit leicht psychopathischer Ehepaare doch wieder seelische und sittliche Gefahren, welche durch rein bevölkerungspolitische Vorteile nicht aufgewogen werden können. Immerhin hält Prof. Hermann *Muckermann* die Stellungnahme der Kirche gegenüber der staatlichen Sterilisierung noch nicht in allen Punkten für abgeschlossen. Auch ich muß gestehen, daß der Wortlaut der päpstlichen Enzyklika über einige Sonderfragen noch keine letzte Entscheidung gegeben hat, etwa über die Moralität des dänischen Sterilisierungsgesetzes v. 1. Juni 1929, welches im § 1 sowohl Kastration wie Unfruchtbarmachung als Zusatzstrafe für begangene Sexualverbrechen vorsieht. Während die päpstliche Enzyklika, wie bekannt, jedes rein eugenische Sterilisierungsgesetz eindeutig verwirft, läßt sie die Frage über die sittliche Erlaubtheit jener Gesetzesbestimmungen einstweilen noch offen, welche »zur blutigen Bestrafung eines [Sexual-] Verbrechens auf Grund öffentlicher Gewalt, oder auch zur Vorbeugung künftiger Verbrechen von gerichtlich Abgeurteilten (Übeltätern)« vorgesehen sind. Es ist bekannt, daß schon vor Dänemark verschiedene nordamerikanische Staaten solche rein kriminalistischen oder auch prophylaktischen Sterilisierungsgesetze zur Verhütung neuer Sexualverbrechen erlassen und ausgeführt haben. Im Jugendgefängnis New Jersey will man sogar gute Heilerfolge beobachtet haben. Sollte ein Verfahren des Strafvollzugs mehr zur Heilung von anormalen Trieben und so zur Verhütung von neuen Sexualverbrechen beitragen, so wäre gegen eine solche Gesetzgebung und gegen solchen Strafvollzug sozialethisch nicht leicht etwas einzuwenden. Auch ist mit der prinzipiellen Ablehnung der Kirche an sich nichts ausgesagt, wie sie sich praktisch nach erlassenem Gesetze verhält. Katholiken und katholische Anstalten werden bei der Gesetzgebung wie bei der Durchführung eines Sterilisierungsgesetzes sich jedenfalls nicht beteiligen, sie werden katholische Patienten grundsätzlich der zeugungsberaubenden Maßnahme nicht unterwerfen und auch die Zustimmung der Erbträger nicht etwa als

Rechtsgrund zu freiwilliger Sterilisierung anerkennen; mit einem passiven Widerstand der Katholiken muß also sicher gerechnet werden. Hingegen werden sie voraussichtlich gegen die Sterilisierung Andersgläubiger auf Grund von Staatsgesetzen nicht aktiven Widerstand leisten; wenigstens haben Bischöfe und Katholiken bisher in Nordamerika, in der Schweiz oder in Dänemark nicht ausdrücklich aktiven Widerstand entfaltet. Es kann wie manchen anderen sittlich bedenklichen staatspolitischen Maßnahmen gegenüber bei einem stillen Protest verbleiben.

Dagegen stellt sich die päpstliche Enzyklika durchaus bejahend zu einer Reihe anderer eugenischer Vorschläge. Jedenfalls lobt der Papst eugenische Gesichtspunkte und Motive ganz allgemein. Vor allem erscheint es auch uns Theologen an der Zeit zu sein, daß endlich der obligatorische Austausch von Ehezeugnissen eingeführt werde und zur Familiensitte sich ausbilde. Die Diözesansynode Paderborn hat bereits 1922 es für sehr wünschenswert erklärt, daß der Austausch von ärztlichen Ehezeugnissen für katholische Brautleute zur verpflichtenden Familiensitte werde. Ein äußerer Zwang wurde bisher abgelehnt. Auch belgische Katholiken arbeiten daran, eine Art Gewohnheitsrecht einzuführen, nach welchen katholische Brautleute unaufgefordert und rechtzeitig, also längst vor der Verlobung und vor den Phasen des Verliebtseins, Ehezeugnisse unaufgefordert sich gegenseitig vorweisen. Daß solche Bestrebungen volkserzieherisch und auch eugenisch sich auswirken werden, kann nicht bezweifelt werden.

Seit dem Verbot der Sterilisierung durch die päpstliche Eheenzyklika tritt für uns Katholiken die Frage in den Vordergrund, ob nicht doch eine stärkere Abschließung, also Verwahrung der zeugungsfähigen erblich Belasteten ein gangbarer Weg eugenischer Vorsorge wäre. Frau *Neuhaus* hat gerade jetzt neue Entwürfe zu einer gangbaren gesetzlichen Regelung der Verwahrungsfrage ausgearbeitet. An finanziellen Erwägungen allein sollten solche Pläne nicht scheitern, weil alle die in Frage kommenden Patienten ja ohnehin früher oder später mitsamt ihrer Familie der öffentlichen Fürsorge zur Last fallen, bis jetzt allerdings meist erst dann, wenn es zu spät ist, wenn sie bereits degenerierte Nachkommenschaft erzeugt haben, oder auch sonst auf eine schreckliche Weise als Schädlinge der Umwelt, namentlich als Sexualverbrecher ins Zuchthaus wandern. Wenn einmal die erbbiologische Prognose sicher zu stellen ist, wie soll man da noch warten, bis solche Minderwertige so viel Unheil anrichten und entartete Kinder erzeugen, meist auf dem Wege der Vergewaltigung! Die Asylierung ist nicht so unmöglich und undurchführbar wie allgemein angenommen wird; denn konfessionell gebundenen Patienten gegenüber haben die Seelsorger und Fürsorger ganz andere Einflüsse pädagogischer Art als das dem Staate oder amtlichen Fürsorgestellen möglich ist. Außerdem haben die religiösen Genossenschaften ganz andere Arbeitskräfte zur billigen Betreuung solcher Asylierten: Während die öffentliche Fürsorge nur mit Entmündigung beginnen und mit bürokratischen Methoden das Werk fortführen kann, haben katholische und evangelische Verbände mit erfinderischer Initiative neue Typen von Fürsorgeschwestern und Pflegern geschaffen, welche ganze Dörfer aus dem Boden zauberten, ganze Kolonien, in welchen solche Degenerierte wohl verwahrt, unverheiratet, verhältnismäßig zufrieden und für die Allgemeinheit sogar recht nützlich geworden sind. Ich erinnere nur an die Schöpfungen eines Pastor *Bodelschwingh* in Bethel bei Bielefeld oder an die Stiftungen eines Dominikus *Ringeisen* zu Ursberg in Bayern; dort die Diakonissen, hier die St. Joseph-Schwestern als wunderbare neue Typen von aufopferungsfähigen und mit seltener Einfühlungskraft begabten Pflegepersonen!

Im ganzen ist die Kirche für alle eugenischen Maßnahmen nicht nur positiver Art, sondern auch für diejenigen negativen Methoden aufgeschlossen, welche nicht nach Art der Strafjustiz das körperliche Leben Unschuldiger antasten oder verletzen, welche nicht die Willensentscheidung des Einzelnen und seine sittliche wie soziale Ehre antasten oder gefährden, welche nicht das wohl verstandene Heil, die sittlichen und bürgerlich-rechtlichen Interessen der Familien schädigen.

Das Referat von Prof. *Hübner* hat gezeigt, wie wenig der eugenische Gedanke im Volke bisher Boden gefaßt hat. Das Volk muß endlich weit mehr zu biologisch-eugenischem Denken und Wollen erzogen werden. Unsere Geistlichen und Lehrer sind zu dieser Erziehungsarbeit bereit. Damit nun auf diesem Wege wirklich fruchtbarere Arbeit geleistet würde, als bisher, wäre zweierlei notwendig:

1. Die heranwachsenden Theologen müssen in eigenen Kursen in die biologischen Tatsachen und in die eugenischen Probleme eingeführt werden. Prof. Hermann *Muckermann* hat bei Akademikern und im Volke schon gut vorgearbeitet. Aber für unsere theologischen Ausbildungsstätten brauchen wir noch erbbiologische und eugenische Sonderkurse, welche allerdings den Etat der Anstalten finanziell nicht zu sehr belasten dürften. Es können auch Ferienkurse sein. Es müssen Referenten zur Verfügung gestellt werden, welche auf unsere Weltanschauung Rücksicht nehmen, ja unserer Weltanschauung sind. Im ganzen dürfte dieser Vorschlag auch den Kollegen der evangelischen Landeskirche für ihre Anstalten erwünscht sein.

2. Die psychiatrische Klinik in München schickt zuweilen Fragebogen an die bayrischen Pfarrer hinaus, um für die Diagnose schwieriger Fälle genaue Angaben zu erhalten, wie die Aszendenten- oder die Kollateral-Verhältnisse dieses oder jenes Patienten seien; aber wieviele Geistliche haben eine Ahnung, worauf es bei solchen Fragen ankommt, und wie sie aus ihren Pfarrbüchern (namentlich Sterbebüchern) eine etwaige erbliche Belastung feststellen könnten? Damit die Pfarrer also einerseits in der regelmäßigen Seelsorge Richtlinien für die Ehevorbereitung und Mahnungen für Brautleute geben können, ferner damit sie ausnahmsweise auch in solch schwierigen Fällen den Psychiatern gute Aufschlüsse geben könnten, wäre es notwendig, den Geistlichen gewisse Fortbildungskurse zu schaffen, durch welche sie in die grundlegenden anatomischen und psychischen Voraussetzungen einer richtigen Erbdiagnose und Erbprognose eingeweiht würden. Sie müssen in den Stand gesetzt werden, an Hand ihrer Pfarrbücher eine gute eugenische Familienforschung zu pflegen und exakte Familienbücher anzulegen; allmählich würden sie so ein einigermaßen klares und zuverlässiges Auge für die erbbiologischen Tatsachen und für die eugenischen Forderungen bekommen. Auch Lehrer müßte man zu diesen Kursen einladen. In Bayern hat ja *Th. Viernstein* ähnliche Kurse auf Pastoralkonferenzen über seine kriminalbiologischen Karteien mit gutem Erfolge gehalten.

Unsere Stellungnahme ist also trotz einiger Meinungsverschiedenheiten, namentlich in der Sterilisierungsfrage, im wesentlichen den eugenischen Wünschen und Forderungen gegenüber durchaus positiv und bejahend. Wir warten auf Ihre Förderung und Unterstützung. Wir sind bereit, volkserzieherisch, anregend und vorbeugend in Ihrem Sinne zu wirken. Wir sind aufnahmefähig und aufnahmebereit.

Psychiatrische Eugenik und offene Geisteskrankenfürsorge.

Von Obermedizinalrat Dr. **Faltlhauser**, Kaufbeuren.

Die Forschungen der letzten Jahre, insbesondere die Forschungen *Rüdin*s und seiner Schüler, unter diesen insbesondere wieder *Luxenburger*s, dann die Forschungen *Hofmann*s und Frh. *von Verschuer*s u. a. lassen uns keinen Zweifel mehr übrig, daß viele geistige Erkrankungen und geistige Abwegigkeiten erbbedingt sind, daß für ihre Vererbung ebenfalls die *Mendel*-Gesetze gelten. Freilich sind noch nicht alle Fragen dieser Vererbung geklärt. Viele bleiben noch offen und sind noch zu erforschen. Noch fühlen wir im einzelnen Falle nicht den sicheren Boden unter uns, der uns gestattet, bündige Folgerungen und Forderungen in eugenischer Beziehung darauf aufzubauen. Immerhin wissen wir aber soviel, daß wir diese Fragen nicht mehr außer acht lassen können, daß wir auch heute schon eugenische Forderungen, wenn auch noch in vorsichtiger Form, erheben müssen.

Wenn aus dieser Tatsache der wissenschaftlichen und praktischen Psychiatrie bestimmte Pflichten erwachsen, dann kann auch die offene Fürsorge als heute festgefügtes Glied psychiatrischer Betätigung nicht mehr an diesen eugenischen Fragen vorübergehen. Sie muß sich im Gegenteil ihrer ganzen Aufgabe nach mit ihnen auf das ernsteste beschäftigen.

Ich sehe zwei große Aufgabengebiete der offenen Fürsorge in der psychiatrischen Eugenik.

Das eine dieser beiden Aufgabengebiete ist die Mitwirkung an der weiteren Erforschung und Sicherstellung des Einflusses von Erbfaktoren auf die Entstehung geistiger Erkrankungen und Abnormitäten. Ich sehe mit *Rüdin*, *Max Fischer*, *Luxenburger* u. a. eine hervorragende Aufgabe der o. F. darin gegeben, daß sie die Arbeiten der genealogischen Abteilungen der Forschungsanstalten unterstützt. Sie hat nach der Art ihrer Aufgabe und nach der Art ihrer Arbeitsweise in ganz besonderem Maße die Möglichkeit, Forschungen und Erhebungen an Ort und Stelle anzustellen. Sie sieht wenigstens bei der bodenständigen Bevölkerung den Boden, aus dem die einzelnen Krankheiten hervorwachsen. Sie kommt mit den Angehörigen der

Kranken selbst in Fühlung und kann sie untersuchen oder sich doch wenigstens aus eigener Anschauung ein Urteil über sie bilden. Sie muß mit all jenen Menschen zusammenarbeiten, die oft aus langer Kenntnis der Familien eines Ortes Aufschluß über die einzelnen in Frage kommenden Persönlichkeiten geben können, mit den Ortsgeistlichen, den Lehrern, Bürgermeistern usw. Sie hat damit die Möglichkeit, ohne allzu große Kosten und allzu große Mühen, Ahnentafeln und Erbgänge größerer Familienkreise aufzustellen, namentlich dann, wenn die o. F. eine bestimmte Ausbreitung über ein größeres Gebiet, ein Land hat, und die verschiedenen psychiatrischen Fürsorgestellen dieses Gebietes, dieses Landes untereinander zusammenarbeiten.

Zur Durchführung dieser Aufgabe ist freilich eine Voraussetzung notwendig, die bei dem heutigen Stand der offenen Fürsorge in sicher den allermeisten Fällen nicht gegeben ist. Voraussetzung ist eine über möglichst viele Gebietsteile des einzelnen Landes, der einzelnen Provinz möglichst voll ausgebaute offene Fürsorge. Voraussetzung ist auch das nötige, namentlich ärztliche Personal. Heute erstickt der psychiatrische Fürsorgearzt — ich sage dies aus intimster Kenntnis der tatsächlichen Verhältnisse heraus — in den sozialen Aufgaben der o. F., namentlich wenn er nebenamtlich und mit unzulänglichen Mitteln arbeiten muß. Ich treffe diese Feststellung trotz der Zeit der Not und des Abbaus, weil ich der Überzeugung bin, daß allzu große Sparsamkeit in der o. F. eine falsche Sparsamkeit ist, weil es sich rächen muß, wenn aus falscher Sparsamkeit es nicht möglich ist, die Grundlage für eine eugenische Bekämpfung der geistigen Abnormitäten zu schaffen, die der Allgemeinheit unproduktive Lasten auferlegen.

Die zweite große Aufgabe der o. F. in der Eugenik besteht in der aktiven Bekämpfung der erbbedingten geistigen Anomalien. Auch hierzu hat sie ihrer ganzen Organisation nach, hat sie infolge ihrer unmittelbaren Berührung mit der Bevölkerung die Möglichkeit. Freilich sind heute die Mittel zu dieser aktiven Bekämpfung noch ungenügende, aber doch immerhin nicht unbeachtliche. Daß sie nicht genügend sind, liegt in unserer noch ungenügenden Kenntnis der Erbgänge, liegt vor allem aber in der ungenügenden, ja geradezu hinderlichen Gesetzgebung.

Was jedoch heute nach Wissen und Gesetz geschehen kann, muß die o. F. als ihre Aufgabe betrachten. Sie muß die ärztlich eugenische Prophylaxe ausbauen, soweit es geht. An erster Stelle steht die eugenische Beratung auf Grund genauer Kenntnis der wissenschaftlichen Ergebnisse der Erbforschung. Sie hat dazu die Möglichkeit in den fürsorgerischen Beratungsstunden und bei den Besuchen in der Familie. Ich glaube, daß sie die Pflicht hat, nicht nur erbetenen Rat zu erteilen, sondern auch aktiv von sich aus ihren Einfluß auf die Individuen mit schlechter, die Nachkommenschaft gefährdender Erbanlage auszuüben. Es ist richtig, daß mit einem bloßen Hinweis auf diese Gefährdung nichts getan ist. Es müssen natürlich auch dabei die Mittel angegeben werden, die geeignet sind, diese Gefahren auszuschalten oder doch zu vermindern. Aufklärung des großen Publikums, Stärkung des ethischen und eugenischen Gewissens des einzelnen, Abraten von einer Ehe, Präventivverkehr sind zwar nur unsichere und recht unvollkommene Mittel, weil sie von gutem bzw. schlechtem Willen der Beratenenen abhängig sind, weil beim psychisch abnormen Menschen überhaupt Belehrungen aus den verschiedensten Gründen vielfach ihr Ziel nicht erreichen. Manchmal mögen sie doch auf fruchtbaren Boden fallen, und auch dieses manchmal ist schon ein Gewinn für die Eugenik, solange uns Mittel von breiterer Wirksamkeit nicht zur Verfügung stehen. Da, wo es angängig und notwendig ist, mag auch die Einleitung und Durchführung einer Entmündigung eine eugenisch ungeeignete Ehe verhüten können. Das einzig wirksame Mittel der Eugenik wäre natürlich die Sterilisierung. Es scheint nicht allzusehr vermessen, die Hoffnung auszusprechen, daß das kommende Strafrecht uns wenigstens die Möglichkeit der freiwilligen Sterilisierung gibt. Wenn auch sie, so wie die Dinge bei psychiatrischer Eugenik liegen, nur eine bedingte Wirksamkeit hat, worauf *Bumke* in seinen Diskussionsbemerkungen zu meinem Vortrag über Sterilisierung im Verein Bayrischer Psychiater 1931 mit Recht besonders hingewiesen hat, so ist sie doch ein Gewinn, solange uns die zwangsweise Sterilisierung versagt ist, die ja wohl zum mindesten für die Verbrecher aus Erbanlage und die Erbschwachsinnigen anzustreben ist. Wenn wir diese Zwangssterilisierung jedoch durchsetzen wollen, müssen wir erst die eindeutigen Grundlagen der Erbwissenschaft noch vollkommen schaffen und die öffentliche Meinung für diese erbbiologisch-eugenische Denkweise gewinnen. Auch für die freiwillige Sterilisierung wird es Aufgabe des Fürsorgearztes sein, die Voraussetzungen genauestens abzuwägen.

Es erscheint fast überflüssig, weil an sich selbstverständlich, daß ein psychiatrischer Fürsorgearzt, der doch in erster Linie all die skizzirten eugenischen Aufgaben der o. F. erfüllen soll, sorgfältigst für diese Aufgabe vorbereitet sein muß, daß er in Erbforschung und Erbprognostik eingehend Bescheid weiß. Es ist *Max Fischer* durchaus Recht zu geben, wenn er die Forderung ausspricht, die wohl auch von *Rüdin* mit Nachdruck erhoben wird, daß der Fürsorgearzt einer besonderen Ausbildung an einem genealogischen Institut bedarf.

Es kann das Thema »Offene Fürsorge und Eugenik« nicht

abgeschlossen werden, ohne die o. F. gegen den Vorwurf zu verteidigen, daß sie eigentlich ihrem Wesen nach nicht eine Förderung der Eugenik, sondern geradezu eine den eugenischen Bestrebungen schädliche Einrichtung, eine Gefahr sei. *Lange* hat m. W. diese angebliche Gefahr zuerst anscheinend rein gefühlsmäßig und ohne objektive Grundlagen an die Wand gemalt, und seitdem ist sie von Eugenikern immer wieder ausgesprochen worden. Es ist im Interesse der o. F., einer heute hochbedeutsamen psychiatrischen Einrichtung, die wohl keiner, der sie und ihr Wirken wirklich kennt, mehr missen kann, unbedingt notwendig, zu dieser behaupteten angeblichen Gefahr objektiv Stellung zu nehmen. Diejenigen, die diese Gefahr sehen wollen, sagen: Durch die o. F. und durch die Frühentlassung wird die Außenwelt mehr als bisher mit geistig Abnormen überschwemmt, die sich vielfach noch im zeugungsfähigen Alter befinden und damit eine eugenische Gefahr sind.

Dazu ist zu erwidern: Selbst wenn diese Gefahr bestünde, dann könnte sie jedenfalls nicht dadurch gebannt werden, daß wir alle geistig Abnormen mit schlechter Erbanlage für die ganze Zeit ihrer Fortpflanzungsfähigkeit einfach asylieren. Diese Maßnahme verbietet heute schon die allgemeine Not. Die Asylierung der geistig Abnormen ist bekanntlich deren teuerste Versorgung. Nicht also die o. F. ist heute die Ursache vermehrter Entlassungen, sondern die Notzeit, die zu eiserner Sparsamkeit und zur Hinnahme von Entlassungen schwerkranker Anstaltsbedürftiger zwingt. Die o. F. ist im Gegenteil noch ein Mittel, wenigstens einigermaßen eugenische Schäden, die allenfalls aus diesen Notentlassungen sich ergeben könnten, zu verhüten, wie wir gesehen haben, auch mit den heute schon möglichen Mitteln. Es besteht außerdem rechtlich und menschlich keine Möglichkeit, Menschen nur aus eugenischen Gründen in den Anstalten festzuhalten. Ich habe aus meiner Erfahrung heraus zudem den Eindruck, daß nur die kleinere Hälfte geistig Abnormer mit gefährlichem Erbgut überhaupt in die Anstalten kommt. Gerade die für eine Fortpflanzung gefährlichsten Fälle, die leichten und relativ rasch vorübergehenden Fälle, sehen überhaupt niemals die Anstalt. Zudem wissen wir heute schon, daß gerade die geistigen Störungen des schizophrenen Formenkreises, welche die Irrenanstalten bekanntlich zu zwei Dritteln füllen, sich oft nicht direkt, sondern in Seitenlinien vererben. Und ist die Gefahr der Fortpflanzung anstaltsentlassener Kranken ihrem Umfange nach tatsächlich so erheblich, wie behauptet wird? Immer noch gilt die Beweiskraft der Zahlen, und diese Zahlen liefern die großen Fürsorgen, die auf diese Dinge achten. Sehen wir uns einmal in diesen Zahlen um. Die heute wohl in ihrer Organisation vollkommenste Fürsorge ist die Erlanger. Ich habe, als ich noch deren Leiter war, seit dem Jahre 1922 gerade auf diese Fortpflanzung der anstaltsentlassenen Kranken, aber auch der von Hause aus freilebenden geistig Abnormen geachtet, soweit letztere von der Fürsorge erfaßt waren. Auch nach meinem Weggang von Erlangen wurde diesen Dingen Aufmerksamkeit geschenkt. Ich will nur die Zahlen der Jahre 1928 bis mit 1930 hier anführen. Die Erlanger Fürsorge betreute 1928 3850 Geisteskranke und geistig Abnorme. Von diesen 3850 haben sich 1928 31 fortgepflanzt, also 0,8%. Von diesen 31 waren nur 9 eigentliche Geisteskranke = 0,26%, während die übrigen Psychopathen, Alkoholisten und angeboren Defekte waren. Wenn man nur die Anstaltsentlassenen berücksichtigt, so waren es 1658 unter der Gesamtsumme von 3850 Befürsorgten, und von diesen gehörten wieder 1040 zu den Fürsorgestellen Nürnberg und Fürth. Unter diesen 1040 Anstaltsentlassenen haben sich 1928 6 eigentliche Geisteskranke, deren Leiden wahrscheinlich als erbbedingt anzusehen ist, fortgepflanzt, also nicht ganz 0,6%. 1929 sind die Verhältnisse mit 0,4% noch günstiger, während sie 1930 mit fast 1% etwas schlechter sind. Kollege *Schuch,* dem ich das Material verdanke, bemerkt ausdrücklich, daß es sich bei diesen Kranken ausschließlich um Fälle handelt, deren Zurückhaltung in der Anstalt auch ohne o. F. niemals in Betracht gekommen wäre. In der Fürsorge der Anstalt Kaufbeuren befanden sich Ende 1931 432 anstaltsentlassene Kranke. Fortgepflanzt haben sich 3 Kranke, also 0,7%.

Jelgersma berichtet, daß die Gefahr einer Nachkommen sogar bei manischen Kranken sehr gering sei. Von mehr als 160 Patienten wurde in 2½ Jahren kein Kind erzeugt.

Hieraus ergibt sich als Tatsache, die der ausdrücklichen Feststellung bedurfte: Man tut der o. F. Unrecht, wenn man sie als eugenischen Sündenbock hinstellen will.

Über meine bisher in der Außenfürsorge nach eugenischen Gesichtspunkten vorgenommenen Nachuntersuchungen.

Von

Dr. Fritz Koester,

Oberarzt an der Prov. Heil- und Pflegeanstalt Bonn.

Die Außenfürsorge der Anstalt Bonn umfaßt 10 Landkreise, dazu die großen Städte Köln und Bonn. In Köln habe ich nur die nachgehende Fürsorge, während ich in allen sonstigen Bezirken sowohl die nachgehende als die erfassende Fürsorge betreibe.

Bei Betrachtung der Kranken, die mir im Laufe der Jahre zu Gesicht gekommen sind, fallen bald die außerordentlich verschiedenartigen, sozusagen regionär bedingten Krankheitsbilder auf.

Zum Teil sind es außerordentlich viel schwachsinnige Kinder, die mir immer wieder vorgeführt werden, oder es sind z. T. psychische oder nervöse Erkrankungen, die ich in Zusammenhang bringe mit dem gehäuften Auftreten von Schilddrüsenerkrankungen, sowohl bei den Patienten selbst als auch bei deren Angehörigen oder bei einem Mitglied der elterlichen Familie.

Bei der Behandlung meines heutigen Themas schalte ich diese Beobachtungen aus, ich möchte mich nur beschränken auf eine kurze Anführung meines Arbeitsgebietes nach eugenischen und sozialen Gesichtspunkten.

Vor Eheschließungen sind wir oft von den jeweiligen Parteien befragt worden und oft ist es uns gelungen, abwehrend oder vorbeugend einzugreifen. Wir konnten zur gegebenen Zeit Entmündigungsanträge stellen lassen als letztes Hilfsmittel, wir nahmen das Vormundschaftsgericht bei Entmündigung wegen Geistesschwäche mit Erfolg in Anspruch, wenn der Vormund der Heirat trotz unserer begründeten Einwände keine Hindernisse in den Weg legen wollte.

Eingeschritten sind wir bei der vorbeugenden Bekämpfung der Geisteskranken, maßgebend wurden wir gehört zu dem Problem der Erziehung der Kinder, der schwer erziehbaren, der Hilfsschulkinder, der ausgesprochen psychopathischen und psychotischen Kinder.

Oft hat man eingewandt, daß es durch die Außenfürsorge und die damit verbundenen und möglichen Frühentlassungen zu bedenklichen und für das Volkswohl gefährlichen Eheschließungen komme, zur Erzeugung von unehelichen und ehelichen kranken Kindern, also zu einer Verschlechterung des Menschenmaterials mit wahrscheinlich wieder kranken Nachkommen und dadurch auch zu vermehrt hohen Kosten, also zu ideeller und materieller Schädigung. Ich habe, um dieser Frage näher treten zu können, sämtliche Entlassungen aus der hiesigen Heil- und Pflegeanstalt aus den Jahren 1911—1913 und 1926—1929 herausgezogen und bei den zuständigen Ämtern Nachforschungen anstellen lassen bezüglich folgender Fragen:

Anstaltsbehandlung, Diagnose:

a) War der Patient verheiratet vor der Behandlung?
b) Hat Patient nach der Behandlung geheiratet?
c) Waren Kinder vorhanden?
d) Sind Kinder nachher erzeugt?
e) Wie sind die Kinder?
f) Sind die Kinder gestorben und woran?

Ich kann die Einzelergebnisse, deren Durcharbeitung noch nicht beendet ist, jetzt noch nicht anführen, ich kann aber heute schon kurz darauf hinweisen, daß die Antworten keinerlei Anhaltspunkte dafür geben, daß durch die Außenfürsorge mit ihren Frühentlassungen usw. Schaden nach den oben angeführten Gesichtspunkten angerichtet wird.

Oben habe ich unsere Mitarbeit in der Eheberatung erwähnt. Dringend abgeraten haben wir von der Ehe in 11 Fällen, der Erfolg hat uns Recht gegeben; denn bei einer Reihe dieser Fälle ist es schon zu Scheidungsanträgen gekommen, bei den anderen zu groben Unstimmigkeiten in der Ehe, wodurch die von *Hübner* schon früher betonte Erfahrungstatsache auch wieder bestätigt wird.

Anläßlich von Nachuntersuchungen der an Paralyse erkrankten und deswegen behandelten Personen stellte ich fest, daß bei 36 Frauen 11 Männer, bei 93 Männern nur 16 Frauen luetisch erkrankt waren. Der Nachweis wurde erbracht durch Blutuntersuchung neben klinischem Befund. Alle Fälle konnte ich zur Blutuntersuchung nicht überreden, so daß die Aufstellung nicht den Anspruch auf Vollständigkeit machen kann.

Bei den durchsuchten Fällen der Männer konnte ich in drei Fällen, bei den Frauen in zwei Fällen luetische Erkrankung der Kinder feststellen.

Nur eine Frau von 36 Jahren hat nach ihrer Entlassung noch einmal geboren.

In geeigneten Fällen haben wir uns mit der Durchführung der Sterilisierung befaßt. In einzelnen Fällen wurde sie durchgeführt, in anderen unterblieb sie, weil der behandelnde Arzt sich meiner Begründung nicht anschließen wollte, in wieder anderen waren es weltanschauliche, religiöse Gründe, die entgegen wirkten, die zum Teil aber erst geweckt wurden.

Die Zahl der unehelichen Geburten überstieg nicht die allgemein bekannten Verhältniszahlen zu den ehelichen Geburten.

Eine uneheliche Geburt bei einem epileptischen Mädchen möchte ich hervorheben. Hier hat die Mutter die Schwangerschaft irgendwie herbeizuführen gewußt; sie gab offen zu, daß sie diese veranlaßt habe, da ihr gesagt worden sei, die Anfälle bei ihrer Tochter hörten sofort auf, wenn diese geschwängert würde und ein Kind bekäme. Die Mutter war später enttäuscht ob des von ihr nicht erwarteten Mißerfolges. Der Fall beweist aber schon die Wichtigkeit und Notwendigkeit der psychischhygienischen Volksbelehrung.

Einzelne Krankheitsbilder traten nicht hervor gegenüber anderen bei meinen Zusammenstellungen.

Zusammenfassend möchte ich sagen: Nach meinen Erfahrungen ist durch die Außenfürsorge eine künstliche Hochzüchtung von geistig minderwertigen Menschen nicht anzunehmen; meine Zahlen fallen nicht aus dem Rahmen heraus, viel eher möchte ich annehmen, daß sie bei Eheschließungen, Geburten größer wären, wenn keine Beratungsstelle und keine Führung in psychischhygienischer Beziehung vorhanden wäre. Der Durchführung evtl. angebrachter Sterilisierungen erwachsen nach meinen Erfahrungen noch zu große Schwierigkeiten aus den verschiedensten Gründen; ich halte es für richtiger, prophylaktisch vor der Eheschließung einzuschreiten; denn an die vor einer solchen gelobte Selbstzucht glaube ich nach meinen Erfahrungen nicht.

Vor allen Dingen halte ich aber Volksbelehrung für erforderlich, die leicht von unserer Fürsorgestelle durchgeführt werden kann, dahingehend, daß es allen Teilen bewußt wird, daß gesunde Nachkommenschaft nur bei gesunden Eltern zu erwarten ist, und daß eine Ehe mit Verantwortungsgefühl eingegangen werden muß.

Hierzu können wir m. E. mit Erfolg beitragen, in unserer richtig geführten Außenfürsorge durch entsprechend psychischhygienische Führung in erbbiologisch-eugenischer Beziehung.

Krankengeschichtenmaterial und erbbiologische Forschung.

Von

Dr. **Bruno Schulz,** Assistent der genealogischen Abteilung der Deutschen Forschungsanstalt für Psychiatrie, Kaiser-Wilhelm-Institut in München.

Was wir über die Vererbung psychischer Leiden wissen, hat Ihnen Herr Professor *Rüdin* vorhin mitgeteilt. Aber über sehr vieles auf diesem Gebiete wissen wir noch wenig oder gar nichts. Und vor allem ist eine genauere Differenzierung unserer Kenntnisse unbedingt zu fordern.

Es ist also weitere Forschung nötig. Und sie ist nicht möglich ohne Krankengeschichten. Ein Beispiel: Wir haben herausgebracht, daß die Tante eines Falles unserer Untersuchungsreihe vor 10 oder 20 Jahren in einer bestimmten Irrenanstalt war. Ist nun, wie das leider vielfach geschehen ist, das Krankenblatt bereits eingestampft, so ist der Fall für uns beinahe wertlos. Wir können nicht mehr feststellen, wegen welchen Leidens die Kranke in der Anstalt war; denn die alten Diagnosen in den Hauptbüchern sagen uns so gut wie nichts, da heute ganz andere Krankheitseinteilungen gelten. Fortlassen aber dürfen wir einen solchen Fall auch nicht; weder die kranke Verwandte allein, noch den Ausgangsfall mit seiner ganzen Familie. Wir bekämen sonst statt dessen wahrscheinlich einen Fall ohne geisteskranke Verwandte in unsere Serie, und das Bild des Gesamtmaterials würde erst recht falsch.

Daß eine Anstalt gar, ohne ihre alten Krankenblätter, daran gehen könnte, die herangewachsenen Nachkommen ihrer ehemaligen Insassen zu untersuchen, ist natürlich völlig ausgeschlossen.

Gewiß ist das Aufbewahren von vielen tausend Krankenblättern und Akten ein Problem, dessen Lösung jedesmal neu gefunden werden muß. Die genealogische Abteilung der Deutschen Forschungsanstalt für Psychiatrie ist gern bereit, in jedem Einzelfalle an der Lösung mitzuhelfen. Gelöst werden kann es. In einigen der ältesten deutschen Anstalten sind noch seit ihrer Gründung alle Krankenblätter vorhanden.

Bisweilen erfordert die Aufbewahrung der Akten gewisse Geldmittel, und das fällt heute sehr ins Gewicht. In der Zeit der Wohnungsnot wurde auch hervorgehoben, daß man den Aktenbergen keine Häuser bauen könne, wenn Menschen ohne Unterkunft seien. Nun: Der Gefahren des Wohnungselends sind gerade wir Eugeniker uns bewußt. Doch wer hätte wohl die Wohnungsnot dadurch lindern wollen, daß er den Kunstwerken der Malerei und Plastik die Unterbringung in würdigen Räumen verweigert hätte.

In den Krankenblättern aber sammeln wir die Unterlagen, die es ermöglichen sollen, die Menschheit auf der Höhe zu erhalten, die sie zum Hervorbringen von Kunstwerken überhaupt erst befähigt. Denn die Erhaltung dieser Höhe ist gefährdet. Die bessere medizinische und soziale Fürsorge, die wir den erblich Gebrechlichen in der jetzigen Zeit angedeihen lassen können, läßt diese Gebrechlichen sich weit stärker fortpflanzen als früher, und so tragen sie ihre kranken Anlagen in die körperlich und geistig gesunden und leistungsfähigen Familien hinein.

Hie und da aber gilt es auch zu verhüten — man gestatte mir diese Abschweifung — daß gerade die wertvollen, im voraus sich bedenkenden Menschen sich auch dann nicht fortzupflanzen wagen, wenn die Gefahr, daß sie kranke Kinder bekommen, tatsächlich gar nicht entsprechend groß ist. Dieser Vererbungsfurcht läßt sich nicht einfach mit nicht bewiesenen Behauptungen begegnen — das wäre in mehrfacher Hinsicht auch äußerst gefährlich —, sondern nur durch Erringung eines immer vollständigeren Wissens.

Doch zurück zum Thema. Werden also die Krankenblätter aufbewahrt, so sollen sie auch der Forschung zur Verfügung gestellt werden. Es bestehen meines Erachtens keine Bedenken, daß dadurch das ärztliche Berufsgeheimnis verletzt würde. Es sind ja Ärzte, denen die Krankenblätter zur Einsichtnahme ausgeliehen werden. Ärzte, für die der Schweigeparagraph gilt, und die das Material nur wissenschaftlich statistisch zur Förderung des Allgemeinwohls benutzen wollen.

Ich halte es auch nicht für richtig, hierzu das Einverständnis der Kranken oder ihrer Verwandten einzuholen, sehe darin vielmehr eine übertriebene, äußere Korrektheit. Niemand wird gern unnötig daran erinnert, daß er oder einer seiner Verwandten einmal in einer Anstalt war. Und da wir außerdem nicht jeden selbst aufsuchen können, und schriftlich nicht jeder zu bewegen sein wird, seine Einwilligung zu geben, ist es zum mindesten fraglich, ob ein so nach Einwilligung ausgewähltes Material nicht eine Auslese darstellt, die ein falsches Bild ergibt.

In der Tat haben denn Kliniken und Anstalten aller Art

— und so gut wie ausnahmslos — uns seit je ihre Aufzeichnungen zur Verfügung gestellt. Ich möchte ihnen auch hier im Namen der genealogischen Abteilung von Herzen dafür danken. Ohne die Übersendung dieser Krankenblätter hätten wir heute noch keine Erbziffern. Ich darf hinzufügen, daß aus diesem leihweisen Überlassen von Krankenblättern an uns sich niemals ernsthafte Schwierigkeiten ergeben haben, und es handelt sich um viele Tausende von Akten, die uns im Laufe von nunmehr bald $2^1/_2$ Jahrzehnten zugesandt wurden.

Also Krankenblätter sind anzulegen und aufzubewahren für erbbiologische Forschungen. Aber wie sind sie für solche Forschungen am besten anzulegen? Alles Nähere werden wir jederzeit auf besondere Anfrage schriftlich und mündlich denen mitteilen, die sich für Einzelfragen interessieren. Hier nur folgendes:

Schon aus dem bereits Gesagten geht hervor, daß uns möglichst eingehende Krankheitsschilderungen von Wert sind, damit auch in späteren Zeiten eine Diagnose gestellt werden kann, wenn wieder einmal andere Krankheitseinteilungen bestehen sollten als jetzt, und wenn vielleicht auf ganz andere Punkte des Krankheitsbildes als jetzt Wert gelegt wird. Wir wissen uns ja in diesem Wunsche auch mit allen klinisch interessierten Anstaltsärzten einig.

Wie aber steht es mit den Angaben über die Erblichkeit selbst? Bisher fand man, und zum großen Teil findet man noch in den Krankenblättern an solchen Angaben etwa vermerkt: Ein Onkel starb in einer Anstalt, oder: Ein Vetter ist geistig nicht normal. Damit kann der Erblichkeitsforscher, der das Krankenblatt bisweilen erst nach Jahrzehnten benutzt, wenig anfangen. Er muß nun den Versuch machen, seinerseits durch Anfrage bei den noch lebenden Verwandten, bei Pfarrämtern, Einwohnerämtern usw. herauszufinden, um welchen Onkel, um welchen Vetter es sich damals gehandelt hat, um welche Anstalt, um was für ein Leiden. Und das ist, wenn längere Zeit inzwischen verflossen ist, meist sehr mühsam, oft unmöglich. Wird nun statt dessen geschrieben: »Ein Bruder der Mutter, Tischlermeister Peter Vogel aus Zwickau, starb etwa im Jahre 1891 in der Irrenanstalt Sonnenstein«, oder: »Ein Vetter Karl Müller, Sohn der Vatersschwester Maria und ihres Gatten, des Maurers Hans Müller in Göschwitz, ist von klein auf epileptisch«, so wäre durch die Angabe solcher weniger Namen und Orte und annähernd genauer Daten die spätere genealogische Bearbeitung ganz beträchtlich erleichtert. Die Mühe ist so gering, daß wir auch dann darum bitten, so vorzugehen, wenn nur sehr wenig Aussicht bestehen sollte, daß die Fälle einmal zur genealogischen Bearbeitung kommen. Auch in bezug auf geisteskranke Verwandte des etwaigen Ehepartners, sowie der etwaigen Ehepartner von Geschwistern des Patienten bitten wir übrigens um entsprechende Notizen.

Noch besser ist es natürlich, alle Verwandten des Kranken zu notieren, also auch die gesunden, soweit man über sie Auskunft erhalten kann, oder doch wenigstens die Geschwister, Eltern und Kinder. Und zwar mit vollem Namen, Geburtsort und -datum, Adresse, Beruf, wenn verstorben, Sterbeort und -datum, etwaigen Bemerkungen über Krankheit, Wesensart, Begabung usw. Wir haben hierfür ein Schema entworfen, das schon mehrere Anstalten als Muster von uns gefordert haben und das auch hier Interessenten zur Verfügung steht[1]). Die sächsischen Anstalten haben übrigens seit kurzem die Kopfbögen ihrer Krankenblätter gleichfalls in entsprechender Weise geändert. Auch von diesen Bögen habe ich einige bei mir. Die Daten werden, wo dies geschehen kann, gleich bei der Aufnahme der Kranken eingetragen, andernfalls, wenn der Kranke von seinen Verwandten Besuch erhält. Sie können auch, wenn der Kranke in Außenfürsorge getreten ist, vom Fürsorgearzt bei seinen Besuchen vervollständigt werden. Und in Ausnahmefällen werden ja auch die Kranken selbst glaubwürdige Angaben über ihre Verwandtschaft machen können. Die Angaben verschiedener Auskunftgeber werden einander ergänzen, häufig natürlich auch einander widersprechen, aber durch Vergleich wird man zu dem Ergebnis kommen, das der Wahrheit am nächsten liegt. Der oder die Auskunftgeber sind jedesmal zu bezeichnen. Vielleicht ist es aus Diskretionsgründen zweckmäßig, für die Erblichkeitsaufzeichnungen einen losen Bogen zu nehmen, der besonders verwahrt werden kann.

Zu warnen ist davor, daß solche Schemata nur oder auch nur in der Hauptsache gerade von den belasteten Fällen angelegt werden, da sich aus ihrer späteren Bearbeitung dann ein falsches Bild ergeben würde.

Wohl darf man eine Auswahl nach gewissen anderen Gesichtspunkten vornehmen, so nach bestimmten Diagnosen, nach Herkunft aus bestimmten Gegenden usw., doch muß ständig über die Gesichtspunkte dieser Auswahl Klarheit herrschen. Besonders derjenige, der ein von anderer Seite gesammeltes Material bearbeitet, muß sich über die Gesichtspunkte klar sein, unter denen das Material gesammelt wurde.

Es leuchtet ein, daß eine solche systematische und weitgehende Aufzeichnung auch der gesunden Verwandten der Kranken immerhin eine gewisse Mühe erfordert. Wir schlagen daher auch nur deshalb vor, möglichst alle Neuaufnahmen in dieser Weise

---

[1]) Das Muster ist im Anschluß (S. 105ff.) abgedruckt.

Von der Genealogischen Abteilung der Deutschen Forschungsanstalt für Psychiatrie entworfenes Schema zur Aufnahme der Familienanamnese.

Familienanamnese.

Proband (Patient)*): ....

aufgenommen am: ....

Die Angaben stammen von: ....

Adresse: ....

Referent ist Herr Dr. ....

Datum: ....

I. Allgemeines.

1. Die Familie ist hauptsächlich ansässig in: ....
   (Wenn im Ausland, Angabe des Landes und der Gegend.)

2. Die Familie stammt aus: ....

3. Ein Familienstammbaum oder eine Chronik ist vorhanden — im Druck erschienen (Titel und Verlag[1]) — in Privatbesitz — kann zur Verfügung gestellt werden (durch wen?[2]) — nicht vorhanden. (Zutreffendes unterstreichen und Fußnoten ausfüllen.)

4. Weitere gute Auskunft kann geben: ....

1) .... 2) ....

*) Um die Geschwister der direkten Ascendenten (Eltern, Großeltern) zu erfassen, sind neue Bogen anzulegen und die betreffenden Ascendenten darauf wie die Probanden zu behandeln. So würde auf dem zweiten Bogen z. B. statt Proband einzusetzen sein: Vater des Probanden; auf einem dritten: Mutter des Probanden usw.

II. Engere biologische

(Geschwister und Kinder Nr. 11, 12

		Name und Beruf		Geboren		Ge
		(bei Frauen auch Mädchenname)		Wann? (ev. Alter)	Wo? (Konfession)	Wann?
	Vater					
	Mutter					
Vor dem 5. Lebensjahr gestorben: (Wenn möglich, auch diese im Verzeichnis aufführen) ♂ ♀	Geschwister und Stiefgeschwister (St. v. = Vater gemeinsam; St. m. = Mutter gemeinsam)	1.				
		2.				
		3.				
		4.				
		5.				
		6.				
		7.				
		8.				
		9.				
		10.				
Bei Kindern von verschiedenen Ehegatten sind jene mit den betreffenden Ziffern zu versehen (z. B. Clara [1]).	Kinder	1.				
		2.				
		3.				
		4.				
		5.				
		6.				
		7.				
		8.				
		9.				
		10.				
	Ehegatte	1.				
		2. usw.				

Familie (und Ehegatte).

usw. sind auf einem Beiblatt anzuführen.)

storben		Adresse	Personen, die im Text näher charakterisiert werden, sind hier mit einem ! zu bezeichnen
Wo?	Todesursache		

III. Kranke und sonstige auffällige Persönlichkeiten.

1. *) Der Familie bzw. der des Ehepartners, sowie den Familien etwaiger Ehepartner von Geschwistern des Probanden gehören folgende **berühmte** oder sonst begabte Persönlichkeiten an:
   (Staatsmänner, Künstler, Gelehrte, Industrielle, Personen des Handels und der Wirtschaft, Feldherrn. — Angabe des Verwandtschaftsgrades!)

2. *) Kriminelle, Geisteskranke, Psychopathen usw.

*) Wenn nötig, ein Beiblatt nehmen.

für eine etwaige spätere genealogische Bearbeitung vorzubereiten, weil wir hoffen, daß sich früher oder später in den meisten Anstalten doch einmal ein Arzt finden wird, der sich ernsthaft erbbiologischen Forschungen widmet. Ihm möchten wir seine mühevolle Arbeit dadurch erleichtert wissen; ebenso wie wir ihm auch sonst wohlwollende Förderung seiner Arbeit durch Behörden, durch Vorgesetzte und Kollegen wünschen.

Daß sich erbbiologische Arbeiten, bei denen alles von der Genauigkeit der Erforschung abhängt — einer Genauigkeit, die sich hier viel schwerer kontrollieren läßt als auf vielen anderen Forschungsgebieten —, daß sich derartige wissenschaftliche Arbeiten genau so wenig anbefehlen lassen wie künstlerische Arbeit, ist ja selbstverständlich. Aber gerade darum wünschen wir denen, die sich ihr aus freien Stücken widmen, jede auch nur mögliche Förderung. Wie dies durch Vorbereitung der Krankengeschichten geschehen kann, hoffe ich hier angedeutet zu haben. Dem Verband für psychische Hygiene sind wir für die Anregung zu diesem Vortrage besonders dankbar.

Die Eugenik im preußischen Staatsrat.

Von

Dr. **Struve**, Mitglied im Staatsrat, Kiel.

Meine Aufgabe: politische Parteien dem eugenischen Denken näherzubringen:

Hinter dem Erbgefüge tritt das Individuum zurück, persönliches Gesundsein hinter der erbgesunden Familie. Die erbgesunde Familie ist der einzige Träger des Volkes der Zukunft. Erhaltung und Pflege dieses gesunden Erbstroms: so könnten wir die Aufgabe unseres Staates formulieren! Warum sollen Erbkranke sich und der Gesellschaft zur Last, fortgesetzt ungehemmt neue Erbkranke erzeugen? Daher — nicht Nachwuchs schlechthin — sondern nur der Nachwuchs, der seinerseits wieder an Körper und Seele gesunde Geschlechter sicherstellt!

Die Eugenik darf keine Parteisache werden; sie kann es nicht werden. Biologische oder eugenische Wertigkeit hat nichts mit Stand, Beruf, Konfession, Einkommen, Vermögenslage oder was sonst die Menschen differenziert, zu tun. Minderwertige, erbkranke Menschen gibt es überall und in allen Schichten. Der Einfluß von Psychopathen ist größer als man gemeinhin denkt.

Ein Ziel ist einfach zu formulieren: Verminderung der Minderwertigen, Vermehrung, zum wenigsten Erhaltung der Erbgesunden. Dies Ziel zu erreichen müssen alle politischen Gruppen zusammenstehen, damit die zum Handeln verpflichteten Ministerien wissen, daß bei jedem Kurswechsel im Reich oder in den Ländern der eugenische Arbeitszwang bleibt. Wissenschaft und öffentliche Meinung müssen hier gemeinsam mahnen und drängen.

Im preußischen Staatsrat standen alle Fraktionen zusammen und zeitweise wetteiferten sie miteinander, auf diesem bis dahin von keinem Parlament versuchten Gebiet etwas Greifbares zu schaffen. Die Rechte, die Mitte und die Linke. Anfang 1930 trat ich — als einziger Arzt — in den Staatsrat ein und eigentlich sofort wurde mir bald von dem einen, bald von den anderen Kollegen nahegelegt, ich möchte mich doch einmal um den Grund der ständig ansteigenden körperlichen und geistigen Hilfsbedürftigkeit kümmern — um den Geburtenrückgang, aber auch um das Anwachsen der Zahl minderwertiger Kinder! Ist noch ein rechtes Verhältnis zwischen unserem Aufwand für gesunde Familien, die unter das erbarmungslose Rad der Arbeitslosigkeit gekommen sind, und den Kosten für all die Unglücklichen, die man trotz aller Pflege, Mühe und medizinischer Leistung doch nicht für Arbeit und Leben zurückgewinnen kann? Ist das Anwachsen der Minderwertigkeit unser Schicksal, dem wir als Volk nicht entrinnen können, oder können wir hier hemmen und helfen? Und was muß unser völlig verarmter Staat sofort tun, was kann er tun, ohne der Allgemeinheit neue Ausgaben aufzuerlegen? Kurz: Schaffen Sie ein Sofortprogramm!

Dieser Arbeit habe ich mich gern unterzogen. Und als ich anfing, die ganze Weite und Tiefe der neuen Erkenntnis und der ebenso neuen Willensrichtung zu ahnen, die man unter Erblehre — Erbpflege zusammenfassen kann, ließ mich das Thema nicht mehr los. Die führenden Männer der einzelnen Fraktionen habe ich ständig über meine allmählich gelingenden Formulierungen auf dem Laufenden erhalten — manchen Brief bekommen, der mir eine angenehme Erinnerung sein wird — daß auch unter politischen Gegnern und Kämpfern und auch in unserer beklagenswerten Gegenwart gemeinsames Wollen alle Fronten überbrückt.

So war es nach manchem Hin und Her im Herbste 1931 soweit gediehen, daß wir eine offizielle Beratung und Abstimmung im Gemeindeausschuß wagen konnten: wie gesagt, ich wollte ein gemeinsames Handeln: das war für mich das Primäre: Die Formulierung kam in zweiter Linie. Der Initiativantrag des Staatsrates, den ich einbrachte und am 26. X. 31 begründen durfte, die Materialien für die Beratung im Gemeindeausschuß, die ich zusammenstellte und der Richtlinienentwurf, bei dem mir eine Eingabe der »Niederrheinisch-westfälischen Gesellschaft für Gynäkologie und Geburtshilfe« vom 4. XII. 1930 vorlag, sind wörtlich abgedruckt in der Zeitschrift »Gesundheitsfürsorge« Nr. 3/32, Herausgeber Hans Harmsen, Berlin-Dahlem. Ich beziehe mich auf diesen Sonderdruck: ich halte es nicht für meine Aufgabe, mich mehr als nötig zu wiederholen.

Für Sie scheint mir unsere erste Forderung besonders wichtig zu sein: Die Ausbildung auf dem Gebiete der menschlichen Erblehre und Eugenik ist für Ärzte, Pädagogen und Theologen Pflichtsache und für Ärzte Prüfungssache. Das ist das Erste, das wir in gemeinsamer Arbeit zu erreichen suchen müßten: das setzt intensive Arbeit von uns allen voraus!

Weiter: Schon vor der Verlobung muß ein Austausch von eugenischen Gesundheitszeugnissen eingerichtet werden. Diese Zeugnisse können nur von approbierten Ärzten ausgestellt werwerden. Hier sind wieder genügende Kenntnisse dieser Ärzte von menschlicher Erblehre ebenso notwendig wie das Vertrauen der Bevölkerung.

Weitere Einzelheiten in dem Richtlinienentwurf: In diesem Punkte erbitte ich Ihre Unterstützung. Wir wären viel weiter, wenn unsere Jugend erst weiß: es kommt darauf an, in eine Familie hineinzuheiraten, nicht die Gesundheit des Bräutigams ist das Entscheidende, sondern das gesunde Erbgefüge seiner Familie! Hierüber können die jungen Leute nichts aus sich selbst wissen: Hier müssen sie beraten werden: zur rechten Zeit! Jedenfalls, bevor sie rettungslos verliebt sind.

Ein Drittes! Unsere staatliche Fürsorge — für mich etwas Selbstverständliches — wenn man auch mit geliehenen Geldern keine Fürsorge treiben kann, muß differenziert werden. Wir dürfen für Hoffnungslose nicht ein Mehrfaches ausgeben wie für bedürftige Gesunde.

Wir sind ein armes Volk geworden, viel ärmer, als wir es uns heute schon einräumen — diese Not werden wir noch lange Jahre tragen müssen: bei allen Sparanschlägen müssen wir von diesem Begriff der Differenzierung ausgehen. Das habe ich am 3. XI. 31 im Landesgesundheitsrat gefordert, wo über öffentliche Gesundheitspflege bei mangelnden Mitteln gesprochen wurde. (XXXVI. Band, 6. Heft, V. Mediz. Verw. Seite 89). Min. Direktor *Schopohl* sagte zu, die Frage, ob die Eugenik Staat und Behörden Wege weisen kann, um hier zu differenzieren und weiter die Minderwertigen zurückzudämmen, solle in der nächsten Sitzung des Landesgesundheitsrats geprüft werden. Wir erwarten diese Sitzung jetzt im Juni [1]).

Die Beratung im Staatsratsausschuß ging glatt. Wir waren uns bald alle einig. Dann aber ging sie in die verschlossenen Beratungszimmer der Fraktionen. Und da gab es Hemmungen. Einzelheiten weiß ich nicht — ich war ja nicht dabei — ich erzähle auch nichts davon. Aber zuletzt waren hier durch die dankenswerte Arbeit der Ausschußmitglieder auch die Hindernisse weggeräumt: am 20. Januar 1932 erfolgte die Annahme durch die Vollversammlung. Die Herren von der Rechten hatten einen besonderen Antrag gestellt: Die Kosten für die Betreuung der Minderwertigen müssen gesenkt werden: sie müssen im Einklang stehen zu unserer Armut. Auch hier-

---

[1]) Bericht über die Sitzung und Entwurf eines Sterilisierungsgesetzes: Siehe: Heft 5. XXXVIII. B. V. Mediz. Verw. 632—740.

über berichtet Harmsen in seiner Zeitschrift; ich schließe mich seinen Vorbehalten voll an. Meine Rede hat das Deutsche Ärzteblatt in seiner Nr. 8 am 11. III. 32 gebracht: Den Dank des Ärzteblatts für das verständnisvolle Interesse der Fraktionen im Staatsrat unterstreiche ich gern. Dem Berichte folgte laut Stenogramm: Allseitige Zustimmung. Der amtierende Präsident gab Kenntnis von einer ergänzenden redaktionellen Änderung durch Herrn Dr. *Steiniger*, der ursprünglich als Referent vorgesehen war. Für die Kommunisten sprach Herr *Dunder*, der die Anträge ablehnte: »die siegreiche Arbeiterklasse werde auch diese Zustände bereinigen« — er erklärte aber seine Zustimmung zu unsern Oktober-Formulierungen. Diese Zustimmung war mir sehr wertvoll! Ein Wort zum Schluß:

Wenn unser Geburtenüberschuß ständig abnimmt: 1900 noch auf je 1000 36 Lebendgeburten — 1913 noch 27, jetzt die letzten Zahlen nur 17,5; nach *Burgdorfers* bereinigter Rechnung nur 15,7 — wenn 1840 knapp 33 Millionen Deutscher jährlich 1250000 Kinder geboren worden, heute aber 65 Millionen nur 1116000 — dann könnte man den Tag berechnen, wo unsere Volkszahl zurückgehen muß. Jedenfalls hat der vorausschauende Politiker sich zu überlegen, welche Folgen Bevölkerungsstillstand, oder Rückgang auf die Art der Wirtschaftsform haben wird. Unsere bisherige kapitalistische — in der Idee also anarchistische Produktionsform hatte neben wachsendem Wirtschaftsraum, wachsende Menschenzahl, wachsenden Konsum zur Voraussetzung.

Bevölkerungsstillstand zwingt zu einer Planwirtschaft.

Leere Wiegen heißt: neue Wohnungen sind nicht mehr so nötig wie bisher; mangelnder Wohnungsbau lähmt den ganzen Innenmarkt: Wohnbau ist und bleibt Schlüsselgewerbe. Leere Wiegen heißt: Große und mittlere Wohnungen werden weniger gefragt. Kleine sind neu zu errichten, die alten großen sind aufzuteilen.

Das Geburtendefizit in allen unseren größeren Städten stellt die Kommunen vor neue Aufgaben und Berechnungen: Berlin hat sicher in 50 Jahren keine 8—10 Millionen Einwohner; mit solchen Zahlen hat man ja gearbeitet. Kiel keine 7—800000! Eine Hoffnung, die ich gerne zerrinnen sehe. München, Dresden, Braunschweig, Altona, Magdeburg und manche andere Stadt — sie erhalten sich nicht mehr aus sich: sie leben alle nur vom Zuzug. Der Zuzug wird knapp, von Jahr zu Jahr knapper, auch auf dem Lande sind die Störche träge geworden. Ein anderes: unsere Industriearbeiter haben jetzt wenig Kinder: die gelernten noch weniger als die ungelernten. Reine Arbeiterdistrikte sind in diesem Minus führend geworden. Wenig Kinder heißt eine starke Steigerung der realen Kaufkraft: wenn der Wochenlohn nur durch drei geteilt zu werden braucht, dann kann Mutter mehr Fleisch, mehr Eier, mehr Butter, Gemüse, Obst, auch mehr Südfrüchte kaufen. Sind sechs oder mehr Münder zu versorgen, dann wird Roggen, Kartoffeln, Rüben gekauft. Also: Kinderarmut fordert die bäuerliche Betriebsform, ist für den ländlichen Großbetrieb nicht günstig!

Kurz und gut: unsere ganze Wirtschaftspolitik muß sich bewußt auf unseren Bevölkerungsstillstand einstellen. Es ist anders, wie vor 30 Jahren. Da hieß es: wir wachsen jährlich um 800000, um 1 Million Menschen! Heute: viel zu viel Alte, zu wenig Kinder!

Klare Ergebnisse in bevölkerungspolitischem Wissen und klare Zielsetzung im eugenischen Wollen sind eine ausgezeichnete Unterstützung für systematischen Wiederaufbau von Volk und Vaterland.

Und da lassen Sie uns alle einig miteinander wetteifern!

Volkstümliche Aufklärung der Jugend über Entstehung und Verhütung des angeborenen Schwachsinnes.

Von

Obermedizinalrat Dir. Dr. E. **Meltzer**-Großhennersdorf/Sa.

Die gewaltigen Fortschritte, die die Körperhygiene in unserer ganzen Lebenshaltung und in der Erhöhung des Durchschnittsalters erzielt hat, sind zum geringsten Teile der Aufklärung der Öffentlichkeit durch das gesprochene und gedruckte Wort zu verdanken, sind vielmehr eine Folge sinngemäßer Anwendung der Wissenschaft in der Gesetzgebung und in öffentlichen sanitären Einrichtungen, die mit der Zeit ganz von selbst die große Masse hygienischer denken und handeln gelehrt haben.

Die Seelenhygiene wird sich solche öffentliche Maßnahmen weit weniger zunutze machen können. Wenn unsere Bestrebungen sich also nicht in Elaboraten der Studierstube und Diskussionen bei Tagungen und in wissenschaftlichen Zeitschriften erschöpfen sollen, dann müssen wir weit mehr, als es die Körperhygiene nötig hatte, die breite Masse persönlich, namentlich in eugenischer Richtung, zu interessieren versuchen.

Da der erwachsene Mensch durch Beruf, Familie und Politik in seinen Interessen schon stark gebunden und oft sehr zersplittert ist, meist auch keine Lust und Zeit mehr hat, Vorträge anzuhören oder diesbezügliche Presseaufsätze zu lesen, so halte ich es für zweckmäßiger, sich an die eindrucksfähigere Seele der Jugend zu wenden, die für große ideale Ziele noch eher zu gewinnen ist. Ja man könnte die ersten eugenischen Reiser schon in das Erdreich der Volksschule pflanzen, wenn die obersten Schulbehörden anordneten, daß überall im Unterrichte, wo sich die Gelegenheit darbietet, die »treu zu den biologischen und ethischen Gesetzen stehende Familie«, wie *Muckermann* in »Rassenforschung und Volk der Zukunft« sich ausdrückt, als die Grundzelle gesunden Volkstums hingestellt wird.

Aber bei der Verschiedenheit der Weltanschauungen, die sich hier ja ganz schroff gegenüberstehen, wird das im besten Falle noch gute Weile haben. Ich möchte deswegen auf eine Art der Jugendaufklärung hinweisen, die sich mir sogar in den letzten 12 stürmischen Jahren als möglich erwiesen, nirgends Widerspruch, ja sogar immer mehr Anklang gefunden hat. Denn fast mit jedem Jahre mehren sich die Anfragen der Berufsschulleiter, ob sie nicht die ältesten, nahe der Entlassung stehenden Schüler bzw. Schülerinnen, die meist im Alter von 17 Jahren stehen, einmal zu einer Führung in die Anstalt bringen und ihnen dann anschließend ein aufklärender Vortrag über das Gesehene gehalten werden könnte. Trotz der schlechten Verkehrlage der von mir geleiteten Anstalt Großhennersdorf spielen auch größere Entfernungen heute im Zeichen des Großkraftwagens keine Rolle mehr. Die Verbindung des Nützlichen, d. h. des Kennenlernens einer öffentlichen Kinderanstalt mit dem Angenehmen eines Ausfluges nimmt der Veranstaltung jeden schulartigen lehrhaften Charakter. Wenn ich die Jugendlichen dann durch die verschiedenen Abteilungen geführt und da und dort auf charakteristische, natürlich anonyme Fälle und ihre Entstehung hingewiesen habe, dann beobachte ich immer wieder eine solche seelische Erschütterung bei ihnen, daß nun der zusammenhängende, der Führung folgende ärztliche Vortrag offene Ohren und Herzen findet.

Es ist ein Leichtes, ihnen die verderblichen Keimschädigungen klar zu machen, die durch Trunksucht und Syphilis hervorgebracht werden können, und sie in dieser Beziehung zu warnen; ebenso leicht die Vernachlässigung der Pflege und den Mangel ärztlicher Betreuung des Kleinkindes, besonders bei fieberhaften Erkrankungen und Krämpfen, als gefährlich für die Entstehung eines nachgeburtlichen Schwachsinns hinzustellen. Ganz schweigen wird man aus begreiflichen Gründen von den Geburtverletzungen. Alle genannten Ursachen spielen ja aber nur eine Nebenrolle neben der Hauptursache der erblichen Belastung, unter die ja übrigens der Alkoholismus größtenteils mitfällt trotz der Forschungsergebnisse von *Agnes Bluhm*. Es muß daher die vordringliche Aufgabe sein, auf diese Ursache, die ja auch bei den Geisteskrankheiten alle anderen in den Hintergrund drängt, in geeigneter Form hinzuweisen. Gerade das ist aber nicht so leicht, weil man den einfachen Kindern des Volkes gegenüber einen Begriff wie den der erblichen Belastung am besten gar nicht erst braucht. Denn es könnte dann leicht damit gesprächsweise ebensolcher Unfug getrieben werden, wie mit den schon in weite Kreise gedrungenen Begriffen »Entartung, Psychopathie«.

Ich will einmal versuchen, das, was ich schon hunderte Male in ähnlicher Weise und frisch von der Leber weg zu weiblichen Berufsschülern gesagt habe, hier schriftlich festzulegen. Vielleicht kann es angehenden Anstaltsärzten, die sich innerlich zu einer solchen Aufgabe berufen fühlen, als ein kleiner Anhalt dienen.

»Ihr habt soeben einen Einblick in tiefstes menschliches Elend erhalten. Furcht und Mitleid wird Euch ergriffen haben, als Ihr an den mehr als 200 Kindern unseres Volkes vorübergegangen seid, die hier verpflegt werden müssen, weil sie sämtlich unheilbar blöd, dabei z. T. noch schwer gelähmt, blind, taubstumm sind und oft von schweren Krämpfen und wilden Erregungszuständen heimgesucht werden. Dabei hat sich Euch gewiß schon die Frage aufgedrängt, wie derartige Zustände entstehen, und ob sie nicht verhütet werden können, wie man heute ja den verschiedensten Krankheiten mit Erfolg entgegentreten kann.

Am häufigsten kommt es zu solchen Kümmerlingen durch eine Geschlechtsverbindung solcher Personen, die seelisch und oft auch körperlich nicht auf der Höhe sind. Es wird jedem von Euch einleuchten, wenn ich Euch sage, daß zwei schwindsüchtige, schon von Jugend an kränkliche und schwächliche Personen, die sich geschlechtlich miteinander einlassen, kein kräftiges Kind zeugen können. Ihr wißt auch alle durch die nahe Berührung mit der Landwirtschaft, daß man, um kräftiges ausdauerndes Pferdematerial oder um gutes gesundes Milchvieh zu erzielen, heute besonderen Wert auf die einwandfreie Beschaffenheit der zu paarenden Tiere legt. Dank der vernünftigen Tierzucht, die seit Jahren auch vom Staate in jeder Weise gefördert wird, haben wir jetzt nicht nur schönere, sondern auch leistungsfähigere Tiere, die dadurch wieder Handel und Wandel, kurz unsere ganze Lebenshaltung und Gesundheit günstig beeinflussen. Gerade der Mensch aber, der Träger allen Fortschrittes, legt merkwürdig wenig Interesse für die Zukunft seines eigenen Stammes an den Tag. Es wird oft darauf los geheiratet, ohne zu fragen, ist denn der Partner auch körperlich und geistig gesund? Hat er die Eigenschaften, die die Gewähr dafür geben, daß die dauernde Verbindung mit ihm ein Glück ist? Gerade in dieser Anstalt und in den Irrenanstalten ist es eine täglich in überwältigender Weise nachzuweisende Tatsache, daß Menschen, die geistig nicht normal sind, diese Eigenschaft auf ihre Nachkommen vererben können, genauso wie sie selbst ihre Haar-Augenfarbe und andere körperliche und seelische Eigenschaften von einem ihrer Eltern oder Voreltern mitbekommen haben. Mangelhafte und krankhafte Veranlagung teilt sich den Kindern nun um so mehr mit, wenn solche Eigenschaften bei beiden Partnern vorhanden sind. Wenn sich also zwei schwachsinnige Personen miteinander paaren, so wird meist wieder ein schwachsinniges Kind aus solcher Verbindung hervorgehen.

Jedes schwachsinnige Kind, jeder geisteskranke Mensch, jeder mit unsozialen Charaktereigenschaften behaftete und zu Verbrechen neigende Mensch ist aber für die Familie sowohl wie für die ganze menschliche Gesellschaft eine Last, für die oft jahrelang Opfer gebracht werden müssen. Man kann sie nicht einfach aus der Welt schaffen, wie es tatsächlich vorgeschlagen worden ist. Das würde unserer Kultur einen argen Stoß geben! Denn erstens sind diese Menschen ihren Familien oft ebenso ans Herz gewachsen wie schwer sieche körperliche Kranke, bei denen ja auch niemand an solche Maßnahmen denkt; zweitens sind sie meist alle schuldlose Opfer menschlichen Unverstandes und mangelhafter menschlicher Einrichtungen, die es eben zu beseitigen gilt. Es läßt sich viel menschliches Elend durch kluges Vorbedenken wenden!

Daraus sollt Ihr die Lehre entnehmen, daß Ihr Euch, die Ihr ja alle einmal eine Ehe eingehen, eine Familie gründen wollt, nicht eher binden sollt, als bis Ihr über die Eigenschaften desjenigen, dem Ihr Euer Leben anvertrauen wollt, einigermaßen orientiert seid. Dazu ist ja die alte Einrichtung des Miteinandergehens da, um sich kennen zu lernen und zu sehen, ob er sich für den schweren Gang durch das Leben als Gefährte bewähren wird. Man prüfe in dieser Zeit und vor allem, ehe man sich miteinander verlobt oder gar in eine geschlechtliche Verbindung einläßt, ob es sich um einen ehrlichen, vorwärtsstrebenden, haushälterischen Menschen handelt, erkundige sich, ob er aus einer arbeitsamen, soliden, geistig und körperlich gesunden Familie stammt, die in ihrer Umgebung einen guten Ruf genießt und ihre Kinder ordentlich erzogen hat. Meist sind solche Familien Aufstiegsfamilien, aus denen unser Volk seine besten Kräfte erhält. Gedenkt, daß Ihr ein kleines Reis an dem großen Stammbaum Eurer Familie seid, der Euch mit den Tausenden Eurer Vorväter in der Vergangenheit, aber auch mit der Zukunft unseres Volkes verbindet! Ihr könnt die Stammutter einer aufstrebenden Familie sein, die dem deutschen Volke wertvolle Glieder, ja Führerpersönlichkeiten schenken wird. Aber Ihr könnt auch durch eine unheilvolle Verbindung, wie ich sie oben charakterisiert habe, in eine Abstiegsfamilie hineingeraten und dadurch Unheil Euch selbst und Euerm Stammvolke bringen. (Hier kann man als recht geeignetes Demonstrationsbeispiel den Stammbaum der Familie Kallikak anschaulich vorführen.) Mißtraut also leichtsinnigen und arbeitsscheuen Burschen, die in der Schule nichts gelernt haben und auch im praktischen Leben nichts Rechtes können, denen es nur auf den flüchtigen Genuß Eurer sinnlichen Liebe ankommt, die sie vielleicht dadurch zu erobern hoffen, daß sie Euch freihalten und mit alkoholischen Getränken benebeln! Denn nicht nur mangelhafte Verstandesfähigkeiten, sondern auch schlechte Charaktereigenschaften, vor allem übermäßige Selbstsucht, die sich in Nichtachtung der Rechte anderer und weiter in verbrecherischen Handlungen kundtun, sind ein Zeichen dafür, daß Ihr es mit einem nicht normalen Menschen zu tun habt. Sind derartige Fehler, sind Geisteskrankheiten und Geistesschwächen in der Familie vertreten und werden sie Euch bekannt, so gilt es jedenfalls vorsichtig zu sein und lieber den angeknüpften Beziehungen ein Ende zu machen, als dauernd durch eine Kette gefesselt zu sein, die Ihr nicht einfach abwerfen könnt, wenn es Euch beliebt.

Eine sehr wichtige Sache ist ja der hier und da schon beliebte Austausch von Gesundheitszeugnissen, die von einem fachkundigen Arzt ausgestellt besagen sollen, daß zurzeit bei dem Betreffenden und annehmbar in dessen Familie keine Krankheiten bestehen, die den evtl. Ehepartner oder die mögliche Nachkommenschaft gefährden können. Jedenfalls sollte diese Sitte weit mehr als bisher durchdringen, und der Staat überall Beratungsstellen einrichten, die sich, wie es jetzt schon in größeren Städten geschieht, der wichtigen Tätigkeit unterziehen, junge Leute, die heiraten wollen, vorher zu beraten. Gewiß könnte dann mancher ungeeignete Ehebewerber zum Verzicht auf eine eheliche Verbindung bewogen werden. Wir müssen ferner eine gesetzliche Möglichkeit haben von Jugend auf schwachsinnige Menschen, wie wir sie in den Anstalten heranziehen, um sie einigermaßen für die Gesellschaft brauchbar und arbeitsfähig zu machen, durch eine Operation unfruchtbar zu machen, damit sie nicht, wie es leider nur zu oft geschieht, sich mit anderen geistig minderwertigen Menschen paaren und nun wieder ihre schlechte Veranlagung weiter vererben. Wir müssen ferner weit mehr Einrichtungen haben, wie z. B. hier die Großhennersdorfer Kolonie, die solchen Leuten ein Heim und Arbeitsgelegenheit bietet, um sie vor Vagabundage und verbrecherischer Tätigkeit zu bewahren, und damit sie der menschlichen Gesellschaft einen Teil des Opfers, das sie für jene bringen muß, durch Arbeit zurückerstatten können.

Wir können also durch Vorsicht des einzelnen bei der Eingehung einer dauernden Verbindung, durch öffentliche Einrichtungen und zu erlassende Gesetze die Zahl der Schwachsinnigen in Zukunft einschränken. Diese Zahl beträgt in Deutschland schätzungsweise 300000. Rechnen wir zu ihnen noch die Unzahl derjenigen, die durch ihre abwegigen und krankhaften Charakteranlagen entweder mit dem Strafgesetz in Konflikt gekommen sind und in den Gefängnissen und Strafanstalten oder infolge Geisteskrankheit in Irrenanstalten sein müssen, bedenken wir, daß diese alle vor oder nach dem Anstaltsaufenthalt Gelegenheit haben ihre krankhaften Anlagen durch Zeugung weiter zu vererben, so könnte einem bange werden vor der Zukunft, zumal sich alle diese Leute aus mangelndem Verantwortungsgefühl wenig Gedanken um die Zukunft unseres Volkes und ihrer Familie machen, und darum im Geschlechtsleben sich keine Beherrschung auferlegen, daher mehr geistig minderwertige Kinder erzeugen, als es für den Volksbestand erträglich ist. Diese unser Volk bedrohende Gefahr wird um so größer, als gerade die Aufstiegsfamilien, um ihren Kindern bei den herrschenden wirtschaftlichen Notzeiten eine gute Erziehung und auskömmliche Ernährung zuteil werden zu lassen, den Kindersegen tunlichst einzuschränken suchen. Dadurch muß die Zahl unserer Volksmitglieder gerade in seinen besten Bestandteilen vermindert und die Beschaffenheit verschlechtert werden. Ihr könnt aber alle nicht wollen, daß nun infolge dieser zunehmenden Verschlechterung der Rasse und der Verminderung der Volkszahl unser deutsches Volk einmal von anderen lebenskräftigeren Nachbarvölkern ganz verdrängt oder in so traurige Abhängigkeit gebracht wird, wie wir es täglich von unseren deutschen Volksgenossen, die als Minderheiten in jenen Nachbarländern leben, erfahren können. Darum muß jedes körperlich und geistig gesunde Mädchen danach streben, Mutter zu werden, um der eigenen Familie und dem Volke eine Anzahl gesunder Kinder zu schenken, die zu Aufbau und neuer Blüte des deutschen Volkes das ihrige beitragen sollen. Dieser Frauendienst am Volke wird heute viel zu wenig geschätzt. Er ist ebenso wichtig wie die werktätige und geistige Arbeit des Mannes und wie die Verteidigung des Vaterlandes durch ihn. Auf der Frau beruht die Zukunft des Volkes! Je mehr sie sich ihrer Pflicht der Mittelpunkt und Mehrer der Familie zu sein entzieht, desto mehr schrumpft das Volksganze zusammen. Gewiß ist die Aufzucht mehrerer Kinder heutzutage schwer! Jedenfalls sollte der Staat viel mehr als bisher den lebenstüchtigen Kinderwilligen dadurch helfen, daß er ihnen die Lasten der Kindererziehung möglichst erleichtert. Wenn wir aber allgemein unsere Lebenshaltung nur halb so einschränken und vereinfachen wollten, wie es noch unsere Eltern und Großeltern getan haben, dann könnten wir genau so wie sie und trotz aller Wirtschaftsnot der Gegenwart eine genügende Anzahl Kinder aufziehen, die den jetzigen Volksbestand aufrecht erhält.

Warnen möchte ich Euch hier noch vor einer Seuche, die in dem letzten

Jahrzehnt ganz besonders um sich gegriffen hat, das ist die Abtreibeseuche, zu der von manchen Seiten in geradezu frevelhafter Weise aufgefordert wird mit dem Schlagwort, daß die Frau mit ihrem Körper machen könne, was sie wolle. Selbst wenn der Eingriff von sachkundiger ärztlicher Hand gemacht wird, ist er ein unnatürlicher, kann den Frauenkörper schwer schädigen oder zu seinem zeitigen Verwelken beitragen. Es ist daher vom gesundheitlichen Standpunkt durchaus richtig, wenn dieser Eingriff, sofern er nicht ausreichend ärztlich begründet ist, strafrechtlich verfolgt wird. Die Freigabe desselben in Rußland wird für das russische Volk zum Verderben werden, so daß in einiger Zeit wahrscheinlich aus Selbsterhaltungsgründen sogar dort mit einem Verbote zu rechnen ist.

Je mehr mit unnatürlichen Mitteln in einen Frauenkörper eingestürmt wird, desto mehr muß sich die Natur rächen, desto weniger werden Kinder geboren werden. So wird schließlich die Axt an die Wurzel unseres Volkes gelegt werden; die geistig minderwertigen Elemente werden dann immer mehr die Mehrwertigen überwuchern. Jene können dem Volke keine Führer stellen, die es zur Kraftentfaltung und zur Höhe führen. So wird es verfallen und eine leichte Beute uns wesensfremder Völker werden, wie es in der Weltgeschichte schon so oft der Fall gewesen ist. Das sind die letzten und schwersten Folgen der geistigen Verkümmerung eines Volkes, von denen Ihr hier schreckenerregende Beispiele gesehen habt. Denkt in Euerm künftigen Leben an die heutigen Eindrücke und erinnert Euch der Lehren der Weltgeschichte, daß Tugendhaftigkeit dem Einzelnen wie dem Gesamtvolke Glück und Größe verheißt, Lasterhaftigkeit und zügelloser Lebenswandel aber zum Untergange führt!«

So etwa behandele ich das Thema der erblichen Belastung, ohne dabei die negativen und positiven Aufgaben, namentlich sozialethischer Natur, ganz außer acht zu lassen. Denn es gilt auch für sie Verständnis in der Masse zu erregen oder neu zu wecken. Natürlich muß der Vortrag je nach dem Geschlechte, das man vor sich hat, und nach dem geistigen Niveau, auf dem die Schüler stehen, variirt werden. Bei Primanern wird man z. B. an das griechische Ideal der καλλοκαγαθία anknüpfen, ferner der Erhaltung der geschlechtlichen Unversehrtheit das Wort reden und ihnen zeigen, daß es keine doppelte Moral, also verschieden für Mann und Weib, geben darf, daß das starke Geschlecht auch stark in der Beherrschung seiner Triebe sein muß, kurz alles das erwähnen, was *Abderhalden* in seiner »Zeitschrift der Sexual- und Gesellschaftsethik« dem Leser zu Gemüte führt.

Seelische Hygiene ist eine Art Seelsorge. Man hat es hier also mit einer eugenischen Seelsorge zu tun, die für den Arzt nicht ganz leicht ist und mir recht viel Zeit kostet. Doch habe ich niemand, dem ich sie übertragen könnte. An anderen Anstalten kämen vielleicht auch Geistliche oder Lehrer in Betracht, sofern sie hinreichend eugenisch orientiert sind. Aber aus dem Munde eines Arztes wirken solche Ausführungen doch immer ernster und eindringlicher, weshalb auch die Lehrer hier wie bei der Aufklärung über Sexualverhältnisse auf den Vortrag des Arztes besonderen Wert legen. Natürlich kommt nur der Arzt in Betracht, der ad hominem und frei sprechen kann. Wie ich schon anderen Orts (Zeitschrift für Psychische Hygiene 4. Band 6. Heft) ausführte, lasse ich nach dem Vortrage populär geschriebene Heftchen über die Anstalt und ihre Insassen zu sehr billigem Preise verkaufen. Sie ergänzen den Vortrag, den man nicht über 20—25 Minuten ausdehnen soll, nach jeder Richtung. Der kleine Betrag, der damit für die Anstaltspfleglinge entfällt, ist zugleich ein in erziehlichem Sinne erwünschtes Opfer der gesunden Jugend für die durch Kollektiv- oder Individualschuld verkümmerte Jugend, der das Leben hinter den Anstaltsmauern möglichst besonnt werden soll.

Da jede deutsche Provinz eine Schwachsinnigenanstalt hat oder in den Heil- und Pflegeanstalten wenigstens eine Abteilung für solche besitzt, so meine ich, daß allenthalben im Umkreise solcher Anstalten eine solche eugenische Belehrung stattfinden könnte. Durch diese kann selbst die sonst so unproduktive Idiotenanstalt psychohygienisch produktiv werden.

Der Außenfürsorge der Heil- und Pflegeanstalten müßte es ein Leichtes sein, diese Art Aufklärung in Gemeinschaft mit den Leitern der Berufsschulen zu organisieren, sowie auch für Vorträge an den Volkshochschulen und an den Tagungen der sozial wirkenden Frauenvereine besorgt zu sein. Denn auch hier findet man lebhaftes Interesse für diese die Volksgesundheit betreffenden Fragen. Auch hier wird immer der Arzt der beste Erzieher und Lehrer sein. Aber freilich Kant hat recht, wenn er sagt: »Die Erziehung ist das größte Problem und das schwierigste, was dem Menschen kann aufgegeben werden.« Wir Vertreter der psychischen Hygiene müssen uns daher bemühen, den ärztlichen Nachwuchs dazu heranzuziehen, oder, um mit Nietzsche zu reden, »Erzieher zu erziehen! —«.

Die Aufgaben der Schule vom Standpunkt der psychischen Hygiene und Eugenik.

Von

Oberstudiendirektor Dr. **Wasserloos**, Essen.

Mein erstes Wort sei Dank dafür, daß in diesem Kreise auch ein Vertreter der Schule zu Worte kommen darf.

Die Arbeit in der Schule ist als Dienst an der Jugend zugleich Dienst an der Zukunft des Volksganzen, so gegenwartsbezogen diese Arbeit auch erscheinen mag. Unter diesem Gesichtswinkel erwächst in einer Zeit, in der die Erkenntnis von der Ausschaltung der natürlichen Auslese durch die Zivilisation und der Gefahr des daraus entspringenden biologischen Niederbruchs unseres Volkes sich mehr und mehr Bahn bricht, der Schule die unabweisbare Pflicht, ihre Zöglinge nicht nur biologisch, sondern auch hygienisch und eugenisch denken zu lehren; durch die im biologischen Unterricht zu weckenden sittlichen Kräfte muß sie über die Vermittlung von Kenntnissen hinaus in der Jugend nicht nur Willensantriebe auslösen für die eigne Lebensführung, sondern die Jugend auch für die Mitarbeit an der Gesundung des Volksganzen begeistern. Erfüllt die Schule diese Pflicht, so leistet sie staatsbürgerliche Erziehung im besten Sinne.

In kurzen Strichen sollen hier die der Schule erwachsenden Problem- und Aufgabenkreise skizziert und die Möglichkeiten der Lösung wenigstens angedeutet werden.

Die Schule hat die gekennzeichnete Aufgabe längst erkannt. wenn auch das Verständnis für die Dringlichkeit insbesondere eugenischer Unterweisung noch nicht Allgemeingut der Schulbehörden und der Schulbiologen geworden ist. Die Richtlinien der letzten preußischen Schulreform bieten durchaus die Möglichkeit zu eugenischer Aufklärung. Inwieweit an Schulen außerpreußischer Länder eine solche besteht, ist mir nicht bekannt. Die preußische Reform von 1925 lehnt den »intellektualistischen Charakter der höheren Schule« bewußt ab und verzichtet auf Vollständigkeit der Lehrstoffe. Sie will an den im Umfang beschränkten Lehrstoffen zwar intellektuelle aber auch ethische Kräfte entwickeln und über die Wissensübermittlung hinaus zur Entwicklung geistigen Könnens und zur Willensbildung vorstoßen. Die eingeschlagene Methode, durch »Arbeitsunterricht« die Jugend zu selbständiger Arbeit und zu einer auf selbständigem Denken beruhenden Urteilsfähigkeit zu erziehen, braucht hier nicht erörtert zu werden. Hier genügt der Hinweis, daß diese Methode im Sinne der Gründlichkeit eine Stoffbeschränkung notwendig macht. Ist der letzte Sinn der Reform die Erfassung des ganzen Menschen, seine Ertüchtigung zu dem der Volksgesamtheit bewußt sich einfügenden und ihr dienenden Staatsbürger, so gibt diese »Verlebendigkeit der Schule« (*Hartke*), neue Gesichtswinkel für Stoffauswahl und Stoffauswertung.

So ist es zu verstehen, wenn die Richtlinien, die dem biologischen Unterricht die Einführung in das Wesen des Organischen als Hauptziel setzen, verlangen, »daß die biologischen Einsichten darüber hinaus für die persönliche Lebensführung und nicht zuletzt für das staatsbürgerliche Handeln wirksam gemacht« werden. An anderer Stelle heißt es: »Besonders werden die gesundheitlichen Belehrungen in der Biologie sittliche Antriebe sowohl für die eigne Lebensführung wie für die Arbeit an der Gesundung des Volkes geben; hieraus folgt die Notwendigkeit, bei geeigneten Gelegenheiten die Fragen der Sexualhygiene und ihre Bedeutung für das Einzel- und Volkswohl in taktvoller Weise zu behandeln.« Die Bemerkung, daß bei »Stoffen von gleichem Bildungswert ihre praktische Bedeutung für die Menschen und die menschliche Kultur die Auswahl bestimmt«, erweitert die Möglichkeit psychisch-hygienischer und eugenischer Belehrung.

Die Maximallehrpläne, die Auswahlmöglichkeit lassen, geben für die O II bzw. U II der verschiedenen Schultypen unter anderem Vererbung, Gesundheitspflege und Vorbeugung (Alkohol, Nikotin- und andere Genußgifte) Sexualhygiene als Stoffgebiete an. Über Eugenik sagen die Richtlinien nichts. Der Sexualhygiene im weitesten Sinne könnte man auch eugenische Bestrebungen zurechnen.

Tatsächlich ist neben hygienischen Belehrungen eugenische Aufklärung in die Schule und in geringem Umfange auch in die Lehrbücher eingezogen. Gewisse Zurückhaltung wird aber noch beobachtet. So schreibt Ministerialrat Prof. Dr. *K. Metzner* in der von ihm 1931 herausgegebenen »Staatsbürgerkunde im math.-naturw. Unterricht«: »daß in die Reihe der staatsbürgerlichen Belehrungen auch das Problem der Rassenhygiene und die Grundlehren der neuzeitlichen Erbforschung gehören, will ich nicht leugnen, wenngleich hier die Befürchtung auftritt, daß die Schule leicht in die Sphäre spekulativer Forschung gezogen wird und dem Schüler Lehrsätze vorgetragen werden, die noch der strengen wissenschaftlichen Untersuchung unterliegen.« Um für Eugenik Verständnis zu wecken, kann man durchaus auf Ergebnisse der neuzeitlichen Erbforschung verzichten und sich auf die einfachsten, von *Mendel* aufgedeckten Tatsachen und auf einfache Beispiele beschränken, die zeigen, daß dieselben Gesetze auch für den Menschen gelten. Es ist ja nicht notwendig, daß im Schulunterricht irgendwie ungeklärte Fragen der Eugenik behandelt werden. Es muß dem Schüler klar werden, daß durch vieljährige und vielfältige Erfahrung gewonnene erbbiologische Kenntnisse ausreichen, um für eine Anzahl praktischer Fragen der Eugenik eine klare Entscheidung zu ermöglichen[1]). Im übrigen beschränkt sich der Biologe *Leeke* in der erwähnten Staatsbürgerkunde nicht auf sozialhygienische Betrachtungsweisen und auf eine trefflich durchgeführte Behandlung der Alkoholfrage im Biologieunterricht; er fordert ausdrücklich unter Ausscheidung erbbiologischen Ballastes ein klares Herausarbeiten der aus der »Fruchtbarkeits-Gegenauslese der Zukunft unseres Volkes drohenden Gefahren«. *Leeke* fordert die Auslösung ethischen Wollens im Sinne der Eugenik. Ausführungen, die ich 1925 in einer Schrift »Die Vererbungslehre im Unterricht« (Salle, Berlin)[2]) machte, könnte ich hier ergänzend anfügen. »Die Wissenschaft gibt Fingerzeige, wie sich die menschliche Gesellschaft vor den sie schädigenden Vererbungswirkungen schützen kann. Die höhere Schule ist berufen, die künftigen Führer zu erziehen und in ihnen stärkstes Verantwortungsgefühl für die Wohlfahrt der Volksgemeinschaft zu wecken. Der Führer, der den körperlichen und geistigen Aufstieg der Nation und Menschheit erstrebt, muß mit den Grundzügen der Vererbungslehre bekannt sein. Das von den Vorfahren übermittelte Erbgut ist der Lebensborn, aus dem ein Volk immer wieder neue Kräfte schöpft. Die gesunden Anlagen sind zu hüten, die kranken auszuschalten. Es gilt, im Schüler Verständnis zu wecken für gesunde Rassenhygiene, die weniger mit staatlichen Verboten als mit einer weitgehenden Aufklärung und den sittlichen Kräften freiwilliger Verzichtleistung die Gesunderhaltung des Volkes erstrebt.«

---

[1]) S. auch *G. Just*, »Eugenik als Problemkreis und als Aufgabenkreis« — Eugenik, Erblehre, Erbpflege, 1931, Heft 7.

[2]) *Leeke* will eine Zurückhaltung gegenüber der unterrichtlichen Einführung der Eugenik in dieser Schrift feststellen. Eine solche war nicht beabsichtigt, wie ein gleichzeitig in den Unterrichtsblättern für Mathematik und Naturwissenschaften erschienener Aufsatz (Jahrg. XXXI, 10) zeigt. Die unterrichtliche Erschließung der Vererbungslehre erschien damals zwar dringlicher; auf die Gestaltung der Eugenik ist kürzer eingegangen. (Genie und Vererbung, Erbübertragung von Krankheiten, Alkoholismus, Geschlechtskrankheiten, Rassenfragen.)

Die starke Einschränkung des biologischen Unterrichts der insbesondere in der Mittelstufe jahrweise, in der Oberstufe jahrweise und halbjahrweise unterbrochen ist, am Realgymnasium und Gymnasium mit O II zum Abschluß kommt, macht stärkste Zeitausnutzung zur Pflicht. Zu hygienischen Unterweisungen bieten sich — bereits in der Unterstufe — mannigfache Gelegenheiten. Insbesondere auch in sozialhygienischer Beziehung. Erwähnt seien hier nur einige zum Teil auch vom Chemie-Unterricht zu streifende Gebiete: Abwässer, Trinkwasser, Desinfektion, Wohnungshygiene, Alkoholfrage, Geschlechtskrankheiten und ihre Folgen.

Es ist auch zu beachten, daß in den Arbeitsgemeinschaften der Oberstufe hygienische und eugenische Fragen behandelt werden können. Allerdings werden hier nur die interessierten Schüler erfaßt. Zu einer philosophischen Arbeitsgemeinschaft ist nach den Richtlinien stets Gelegenheit zu geben. M. E. müßte unter den heutigen Zeitverhältnissen die Einrichtung einer Arbeitsgemeinschaft in Eugenik für die interessierten Schüler als für die Schule ebenfalls verpflichtend gefordert werden. Die vielfach von Ärzten (Ärztinnen) in dankenswerter Weise vor Abiturient(innen)en gehaltenen Vorträge über Geschlechtskrankheiten müssen eugenisch ausgebaut werden.

Die für erbbiologisch-eugenischen Schulunterricht in Frage kommenden Gebiete seien kurz gestreift: Mendelspaltung, stoffliche Grundlagen der Vererbung, Variation und Mutation, Geschlechtsvererbung, Pflanzenzüchtung, die Vererbung beim Menschen, Rassenmerkmale, Auslese und Gegenauslese, Volksentartung und die durch sie entstehenden sozialen Lasten, Erbpflege, Eheberatung. Auch positive Maßnahmen (Steuergesetzgebung, Wohn- und Siedlungswesen) sind zu berühren.

Die bereits vorhandene leicht zugängliche Literatur[3]) bietet Möglichkeiten, den Unterricht auf selbständige Arbeit der Schüler aufzubauen. Mannigfache Unterstützung geben auch die Lehrmittel und Schriftenreihen des Deutschen Hygiene-Museums in Dresden. Möglichkeiten zu arbeitsunterrichtlicher Gestaltung (Schülerreferate) bietet in bester Form die Zeitschrift »Eugenik, Erblehre, Erbpflege«.

Für einen neu entstehenden Schultyp, die Frauenoberschule,

---

[3]) *K. H. Bauer,* Rassenhygiene, Leipzig 1926. *Fetscher,* Erbbiologie und Eugenik. Ma-Na-Te-Bücherei, Berlin 1927. *Seifert,* Grundbegriffe der sozialen Hygiene (in *Adam-Lorenz-Metzner,* Gesundheitspflege und Gesundheitslehre in der Schule, Leipzig 1930.) *W. Siemens,* Grundzüge der Rassenhygiene. München 1923. *H. Muckermann,* Vererbung u. a. Schriften desselben Verfassers.

die nicht die Universitätsreife, sondern eine Allgemeinbildung für die spezifischen Frauenberufe erstrebt, erscheint eine Einführung in eugenische Fragen unerläßlich. — Zu fordern ist sie — in vereinfachter Form — auch für die Berufsschulen.

Der Biologe aber muß mit seiner eugenischen Aufklärung einen Nachhalt finden bei den Vertretern anderer Fächer. Es gilt, die gesamte Lehrerschaft für eugenische Bestrebungen zu gewinnen und den Zusammenhang zwischen Erziehung und Eugenik ihr zum Bewußtsein zu bringen[4]). In den preußischen Studienseminaren, in denen der Philogennachwuchs ausgebildet wird, sind hier Möglichkeiten gegeben. Diese Studienseminare, die über das gesamte Erziehungswesen orientieren, besichtigen vielfach auch Fürsorgeeinrichtungen; ob dies unter eugenischem Gesichtspunkt geschieht, bleibt fraglich.

Die Jugend unserer Tage ist durch die Notzeit in sozialer Beziehung wachgerüttelt; es muß gelingen, ihr zu zeigen, daß bei aller Anerkennung der Notwendigkeit der Fürsorge für Lebensschwache die Erhaltung des gesunden Erbgutes eine der dringendsten Aufgaben der Gegenwart und Zukunft ist.

Leitsätze zum Vortrag Dr. *Wasserloos.*

1. Auf stärkere eugenische Ausgestaltung des erbbiologischen Lehrstoffes an den höheren Schulen ist hinzuwirken.
2. Erbbiologisch-eugenische Arbeitsgemeinschaften sind, so weit geeignete Kräfte vorhanden, für die Oberstufe einzurichten, gegebenenfalls unter Zusammenfassung mehrerer Schulen.
3. Die bisher von Ärzten (Ärztinnen) gehaltenen Vorträge vor Abiturient(inn)en über die Gefahren der Geschlechtskrankheiten sind auch in eugenischer Hinsicht auszugestalten.
4. Für die neu entstehende Frauenoberschule erscheint die Einführung der Schülerinnen in psychisch-hygienische und erbbiologisch-eugenische Fragen unerläßlich.
5. Der philologische Nachwuchs ist in den Vorbereitungsjahren stärker auf die Beziehung von Vererbung und Erziehung hinzuweisen; ihm ist das Verständnis für eugenische Maßnahmen zu erschließen.

---

[4]) S. a. *G. Just,* Vererbung und Erziehung. Springer, Berlin.

Behördliche Maßnahmen zur Erschwerung der Eugenik.

Von

Professor Dr. **E. Rittershaus,** Hamburg-Friedrichsberg.

Die weltanschauliche Einstellung weiter politischer Kreise ist beherrscht von dem durch die französische Revolution verbreiteten Grundsatze von der »Gleichheit alles dessen, was Menschenantlitz trägt.« Die ganze Eugenik aber beruht auf der entgegengesetzten Erkenntnis, beruht darauf, daß sie diesen Grundsatz als falsch ablehnt. Die Ungleichheit der Menschen, die verschiedenartige Tüchtigkeit in sozialer und gesundheitlicher Hinsicht, namentlich aber in bezug auf Erbtüchtigkeit, ist die Grundlage, auf der alle eugenischen Bestrebungen aufgebaut sind.

Man behauptet oft in einseitiger politischer Stimmungsmache, daß nur der Sohn des reichen Mannes, des sozial höher Gestellten, auf Grund des väterlichen Geldbeutels, die Möglichkeit habe, eine höhere Bildung zu erwerben, dadurch sozial aufzusteigen in die führenden Schichten des Volkes, und man sucht durch Begabtenauslese und Stipendien den Kindern aus den untersten Volksschichten Aufstiegsmöglichkeiten zu geben.

Es gibt eine Statistik, die nachzuweisen sucht, daß die sozial gehobenen Schichten, die führenden Kreise des Volkes, nur zum Teil aus der gleichen sozial gehobenen Schicht stammen, zum großen Teil aber aus den mittleren oder aus den unteren Volkskreisen. Bekanntlich kann man mit Statistik alles beweisen; man hat bei dieser Untersuchung nur leider unterlassen, diejenigen unteren Kreise des Volkes bzw. diejenigen Familien, aus denen Begabte aufgestiegen sind, einige Generationen hindurch zurückzuverfolgen, natürlich nicht nur im Mannesstamm, sondern in Form einer Ahnentafel; hätte man das getan, dann würde man wahrscheinlich gesehen haben, daß es sich bei den Vorfahren der aufgestiegenen Begabten keineswegs durchweg um die untersten Kreise des Volkes handelt, sondern um Mitglieder aus den oberen Schichten, die infolge wirtschaftlicher oder politischer Verhältnisse vorübergehend in sozial niedrigere Schichten hinabgesunken waren. Das sieht man besonders deutlich, wenn man

Familiengeschichte betreibt. Man kann dann immer wieder finden, daß tüchtige Erbanlagen sich durchsetzen und zu sozialem Wiederaufstieg führen. Mag die Familie aus äußeren Gründen, etwa im dreißigjährigen Kriege oder in den wirtschaftlichen Nöten der Befreiungskriege und der folgenden Zeit oder in der Gründerzeit der siebziger Jahre immer wieder verarmt sein, jedesmal arbeitet sie sich, oft schon in der nächsten oder doch übernächsten Generation wieder in die Höhe. Auf der anderen Seite sind alle die Neureichs und Raffkes, denen durch skrupellose Ausnützung irgendwelcher Möglichkeiten plötzlich Reichtümer zugefallen sind, nicht nur selbst komische Figuren, sondern in der nächsten oder übernächsten Generation ist der Reichtum meist wieder verschwunden, sie können sich und ihren Stamm nicht auf der sozialen Höhe halten.

Das alles sind bekannte Tatsachen, die man sich aber immer wieder vor Augen führen sollte. Die Tatsache, daß eine Familie sozial aufgestiegen ist in die führende Schicht des Volkes, und daß sie durch Generationen hindurch diese soziale Höhe gehalten oder immer wieder aufs neue errungen hat, ist nicht eine Folge sozialer Ungerechtigkeit, sondern eine Folge der Erbtüchtigkeit dieses Stammes. Die soziale Höhe, die eine Familie in dieser Weise erreicht und gehalten hat, ist in vielen Fällen ein feiner Maßstab für die Güte der erblichen Veranlagung.

Selbstverständlich gilt das alles nur ganz im allgemeinen, eben nur statistisch, einzelne Ausnahmen nach Art der Buddenbrooks, das Hinabsinken ganzer Familien durch Degeneration u. ä., — das Alles ist jeweils nur ein Sonderfall, der die Regel nicht widerlegt.

Wenn man praktische Eugenik treiben will, darf man sich nun bekanntlich nicht nur darauf beschränken, das Schlechte auszumerzen, sondern man muß auch das Erbtüchtige fördern; man muß die Vermehrung gerade derjenigen Volksschichten wünschen, die durch ihre sozial gehobene Stellung ihre Tüchtigkeit bewiesen haben.

Auf der anderen Seite ist es leider eine bekannte Erfahrungstatsache, daß gerade diese Kreise sich viel weniger vermehren als die unteren Schichten des Volkes; die Kinderzahl der deutschen Beamten z. B. liegt wesentlich unter dem Gesamtdurchschnitt des ganzen Volkes, und zwar weniger bei den unteren Beamten, dagegen bei den mitteleren Beamten um 25% und bei den höheren sogar um 40% — eine, vom eugenischen Standpunkte aus betrachtet, sicherlich höchst betrübliche Tatsache.

Was geschieht aber nun zur Begünstigung dieser sozial wertvollen Schichten der gebildeten, meist akademisch gebildeten Stände, aus denen sich die wünschenswerte Nachkommenschaft rekrutieren sollte? Das wirtschaftliche Hinabsinken, um nicht zu sagen, die Notlage dieser Berufe, der Pastoren, Richter, Ärzte, der höheren Beamten, Oberlehrer, Ingenieure, Architekten usw., ist bekannt, von derjenigen der bildenden Künstler etwa ganz zu schweigen.

Es wäre vermessen, von dem Verbande für psychische Hygiene hier ein Eingreifen verlangen zu wollen, da diese Notlage doch nur ein Teil der allgemeinen wirtschaftlichen Not ist, und da die Versuche, aus diesem Chaos herauszukommen, nur auf politische Weise durchgeführt werden können. Man muß schon zufrieden sein, wenn es gelingt, mit kleineren Hilfsmitteln, gewissermaßen symptomatisch einige besonders drückende Härten zu mildern, um gerade diesen Volksschichten, die nicht zuletzt infolge eines gesteigerten Verantwortlichkeitsgefühls zuerst und am radikalsten die Kinderzahl herabgesetzt haben, eine etwas größere Kinderzahl zu ermöglichen oder wenigstens einen noch weiteren Rückschritt aufzuhalten.

Was aber geschieht in Wirklichkeit? Gerade das Gegenteil. Nur zwei Beispiele. Da ist einmal der wilde, teilweise recht gehässige Kampf gegen die sogenannten »Doppelverdiener«. Theoretisch und sozial sehr schön gedacht: man will anderen, die erwerbslos sind, einen Verdienst ermöglichen. Wie ist es aber in der Praxis? Infolge der Unvollkommenheit aller menschlichen Einrichtungen, die sich hier besonders kraß zeigt, Ungerechtigkeit über Ungerechtigkeit. Ob das ersehnte Ziel wirklich in nennenswertem Umfange dadurch erreicht wird, bleibe dahingestellt. Die Schwarzarbeit der erwerbslosen Unterstützungsempfänger ist eine Tatsache, die man nicht abstreiten kann, und der gegenüber die seither regierenden Kreise geschämig den Kopf in den Sand gesteckt haben. Ähnlich ist es mit dem Doppelverdienst zahlreicher unterer Beamter und Angestellter, den man nicht erfassen kann. Wie aber ist es mit der Schwarzarbeit und dem Doppelverdienst in akademischen Berufen? Eine Statistik darüber gibt es nicht. Wenn es aber eine solche gäbe und man Vergleiche ziehen könnte mit den Erwerbslosen oder den Angestellten und Beamten der unteren Klassen, so dürfte man wahrscheinlich hier ein ganz verschiedenes Bild finden. Vor allem aber, wo ist die Grenze, und wo beginnt der Doppelverdienst? Ist es schon ein solcher, wenn ein Arbeiter, Beamter oder Angestellter in seinem Schrebergarten für seinen häuslichen Bedarf sein Gemüse, seine Kartoffeln und Obst zieht? Bei wieviel Quadratmeter Grundfläche beginnt hier der Doppelverdienst? Oder wenn ein Bürobeamter in seiner freien Zeit Schreibarbeiten erledigt, ein Kaufmann einem Bekannten bei der Buchführung oder der Steuererklärung hilft, oder ein beamteter Arzt Gutachten erstattet? Auch der ärztliche Besitzer eines Sanatoriums ist ein solcher Doppelverdiener, denn er ist ja Besitzer des Unternehmens und Arzt zugleich. So ließen sich noch zahlreiche Beispiele anführen. Von dem mehrfachen Aufsichtsratsposten ganz zu schweigen. Selbstverständlich kann es hier Mißbrauch geben, aber im allgemeinen lasse man hier das freie Spiel der Kräfte, man bekämpfe nicht den Fleißigen und verbiete ihm zu arbeiten, sondern beschränke sich auf die Zurückdämmung einwandfreier Mißbräuche. Bei der jetzigen schematischen Regelung haben wir jedenfalls praktisch eine außerordentliche Ungleichmäßigkeit, eine wirtschaftliche Benachteiligung der sozial gehobenen Kreise und zwar gerade der fleißigsten und tüchtigsten, eine wirtschaftliche Benachteiligung, die sich eugenisch im allerungünstigsten Sinne auswirken muß.

Eine zweite, praktisch-eugenisch wohl ebenfalls recht bedenkliche Maßnahme ist das Heiratsverbot für die weiblichen Angestellten und Beamten, praktisch durch zahlreiche Verfügungen eingeführt, für die weiblichen Beamten noch kürzlich durch ein Reichsgesetz geregelt. Grundsätzlich handelt es sich hier um das Gleiche wie bei den Doppelverdienern, es gilt sinngemäß das dort Gesagte auch hier. Auch in diesem Falle die wunderschöne theoretische Begründung: Die Frau gehört nicht in das Erwerbsleben, sie soll Mutter sein, und sie sollte keinem Manne, der gegebenenfalls zur Gründung einer Familie schreiten könnte, eine Stelle wegnehmen, wenn sie selbst durch Heirat versorgt ist. Das ist der springende Punkt: Wenn sie »versorgt« ist! Für die Eugenik ist das aber bei weitem nicht das wesentliche, sondern darauf kommt es an, daß sie auch nach der Heirat wirtschaftlich in die Lage versetzt wird, Nachkommenschaft zu haben. Selbstverständlich, sobald es die wirtschaftliche Lage irgendwie gestattet, wird eine verheiratete Frau, die Kinder hat, sich aus dem Erwerbsleben zurückziehen. Aber wie oft ist dieser günstigste Fall heute gegeben? Wieviele Kaufmannsfrauen helfen ihrem Manne heute im Geschäft und sind doch gute Mütter; eine Ärztin oder eine Rechtsanwältin kann ruhig eine kleine Praxis weiterführen und doch ihren Kindern Mutter sein. Warum sollte es eine weibliche Angestellte, eine Assistenzärztin, eine Vikarin, eine Beamtin irgendwelcher Art nicht auch können? Wenn sie imstande ist, mitzuverdienen und die wirtschaftliche Grundlage der Ehe mit zu sichern, dann wird sie wahrscheinlich viel eher bereit sein, Nachkommenschaft groß zu ziehen.

Und nun wiederum die soziale Schichtung. Alle an sich widersinnigen Gesetze werden umgangen, das hat man bei der Lebensmittelversorgung im Kriege gesehen. Und wie ist die Folge des Heiratsverbotes bei den weiblichen Angestellten und Beamten? Die sozial tiefergestellten weiblichen Angestellten usw. heiraten eben nicht, sondern leben in wilder Ehe. Man nennt da in den Kreisen, die es wissen müssen, Prozentzahlen, die hier besser nicht wiedergegeben seien. Entweder verhütet man dabei die Kindererzeugung, oder man treibt ab, oder es kommt zu unehelichen Kindern. Das Gesetz über die Beschäftigung vor und nach der Niederkunft vom 16. VII. 27 schützt alle diese Mütter, selbstverständlich auch die unehelichen, ausdrücklich, und verbietet deren Kündigung.

Die sozial gehobenen Kreise dagegen sind — ganz abgesehen von religiösen oder weltanschaulichen Hemmungen — nicht in der Lage, diese gesetzlichen und ähnliche Bestimmungen in gleicher Weise zu umgehen. Eine Vikarin, eine Oberlehrerin, eine Assistenzärztin, eine Wohlfahrtsbeamtin, die in wilder Ehe lebte, wäre unmöglich, von unehelichen Kindern ganz zu schweigen. Sie kann also einfach nicht heiraten, oder, wenn sie es tut, so ist ihr zum wenigstens durch ihre Entlassung in vielen Fällen die wirtschaftliche Möglichkeit genommen, Nachkommenschaft groß zu ziehen.

Praktisch handelt es sich also hier um eine Ausnahmegesetzgebung zum Nachteil der sozial gehobenen erwerbstätigen Frauen, zum Nachteil also derjenigen Kreise, deren Fortpflanzung vom eugenischen Standpunkte aus am wünschenswertesten wäre. Eine einseitige Ausnahmegesetzgebung, die so lange diese harte Bezeichnung tragen muß, so lange sie nicht praktisch bei allen Volkskreisen durchgeführt werden kann, und das wird aus naheliegenden Gründen nie möglich sein.

Das alles sind jedenfalls recht bedauerliche Tatsachen, die einmal mit rücksichtsloser Deutlichkeit ausgesprochen werden müssen. Schwieriger ist die Frage, was hier getan werden soll. Diese Anregung soll sich selbstverständlich nicht in diesem Kreise zu einem Antrage verdichten, dazu ist wahrscheinlich unsere Zeit politisch noch nicht reif. Vielleicht behält der Vorstand des Verbandes für psychische Hygiene diese Frage im Auge, um im gegebenen Augenblicke die dann nötig erscheinenden Schritte zu unternehmen. Vielleicht aber haben diese Ausführungen auch den Erfolg, bei vielen das sozial-eugenische Gewissen etwas zu schärfen, sie möchten jedenfalls an alle maßgebenden und leitenden Persönlichkeiten den Appell richten: Mehr soziales Wohlwollen, gerade gegenüber den wertvollsten Kreisen unseres Volkes, gerade aus Gründen der Eugenik.

Der natürliche Adel als Ausleseprinzip.

Von

Geheimrat Professor Dr. **Sommer**, Gießen.

Die Lehre vom natürlichen Adel ist von *R. Sommer* zuerst in dem Buch über Familienforschung und Vererbungslehre (1. Aufl. 1907) dargestellt und in den beiden Auflagen 1922 und 1927 weiter entwickelt worden. Sie beruht auf den Studien des Verf. über die Vererbung tüchtiger und überwertiger Anlagen und führt daher aus der normalen Psychologie in die Geniepsychologie über. *Sommer* hat neben den früheren Begriffen der Inzucht und Amphimixis einen dritten Begriff geprägt, nämlich der Epimixis und versteht hierunter die nachträgliche Mischung (Epi—mixis) nach einer vorangehenden Periode von Inzucht oder zum mindesten von Kreuzung ähnlicher Anlagen, die eine Stammfestigkeit in bezug auf bestimmte Grundlagen bedingt. Kreuzt sich eine stammfest gewordene Anlage mit einer davon stark verschiedenen, so entsteht sehr häufig durch Verbindung verschiedener Fähigkeiten hervorragende Leistungen. Von diesem Standpunkt hat *Sommer* eine Reihe von genialen Persönlichkeiten, besonders Goethe und Friedrich den Großen, untersucht.

Bei der Fortsetzung dieser Studien kam *Sommer* zur Analyse der geschichtlich gegebenen Genieperioden, d. h. längerer Zeiträume, während deren in bestimmten Gebieten auffallend viele reich begabte Persönlichkeiten auftreten. Auf diesem Wege gelangte er zu einer biologischen Analyse der als Renaissance bezeichneten Kulturperiode. Er fand dabei, daß diese aus der kulturellen, biologischen und psychologischen Kreuzung und Verbindung zweier Adelsschichten in dem Gebiete von Florenz und Toskana entstanden ist. Die Verallgemeinerung dieser biologischen Erklärung von Erscheinungen, die häufig nur ästhetisch aufgefaßt werden, führte zu der Arbeitshypothese, daß die merkwürdigen Genieperioden bei verschiedenen europäischen Völkern aus den gleichen Ursachen entspringen, nämlich aus einer biologischen und psychologischen Kreuzung von zwei Adelsschichten. Die Genieprobe liegt chronologisch an der Schnittstelle eines älteren und eines neueren Adelsbegriffes. Von diesem Standpunkt hat

Sommer auch den wunderbaren Aufschwung der englischen Literatur in der Shakespeare-Zeit, der sich durchaus nicht nur in den Shakespeare-Dramen zeigt, untersucht und ist neuerdings auch zu einer entsprechenden Erklärung der Literaturbewegung in Deutschland gelangt, die im Nibelungenlied am Anfang des 13. Jahrhunderts ihren großartigsten Ausdruck gefunden hat.

Auf Grund dieser Studien hat der Verfasser immer mehr die Bedeutung des Adelsprinzips, aber nicht im Sinne des alten Feudaladels, sondern des natürlichen Adels, d. h. der körperlichen und geistigen Tüchtigkeit mit überwertigen Leistungen verstehen gelernt. Das was der Gegenwart fehlt, ist die grundsätzliche und auf die Gestaltung des ganzen sozialen Lebens gerichtete Betonung des natürlichen Adels. Ein Volk ohne Adel in diesem Sinne versinkt mit Notwendigkeit in Mittelmäßigkeit und erstarrt in einem bürokratischen Automatismus. Denkt man sich diese Richtung auf den natürlichen Adel vom ganzen Volk aufgenommen und besonders bei der Auswahl der Ehegatten berücksichtigt, so muß mit Notwendigkeit, an Stelle der jetzt so häufigen Degeneration infolge mangelhafter Beschaffenheit der Keimzellen, eine Regeneration auf dem Wege über die Auswahl der körperlich und geistig Tüchtigen bei der Eheschließung hervorgehen.

Wendet man diese Gedanken auf die Frage der Sterilisierung von Geisteskranken und Kriminellen an, so ergibt sich bei gleichem Ziel doch eine völlig verschiedene Methode. Durch die Sterilisierung der einzelnen Fälle werden von dem Unkraut der Degeneration immer nur einzelne Pflanzen entfernt, aber eine massenhafte Anwendung dieser Methode ist ausgeschlossen. Im Gegensatz zu der mechanischen Behandlung der einzelnen Fälle hält *Sommer* es für notwendig, eine allgemeine Volksbewegung in der Richtung des natürlichen Adels wachzurufen. Daß solche Volksbewegungen auf Grund von bestimmten Ideen möglich sind, lehrt die Geschichte der sozialen und politischen Umwälzungen. Wird der natürliche Adel als Ausleseprinzip bei den Eheschließungen in weiten Kreisen des Volkes festgehalten, so wird eine große Menge von degenerativen Erscheinungen im Volk von selbst verschwinden, genau so, wie wir anscheinend eine Spontanverminderung der Tuberkulose erleben, die höchstwahrscheinlich schon auf einer verbesserten Auslese in körperlicher Beziehung beruht, also biologisch eine Spontanheilung darstellt.

Anlage I.

Nachweis der Literatur über Eugenik und eugenische Volksbelehrung.

Von Dr. **B. Schulz**, München.

Im folgenden seien dem gebildeten Laien einige Hinweise gegeben, wo er sich am besten über eugenische Fragen orientieren sowie weitere Literatur finden kann.

An Zeitschriften sei an erster Stelle genannt das »Archiv für Rassen- und Gesellschaftsbiologie«, Lehmanns Verlag, München.

Ferner (populärer gehalten): »Eugenik, Erblehre, Erbpflege«, Verlag Alfred Metzner, Berlin SW 61.

Und: »Das kommende Geschlecht«, Zeitschrift für Eugenik, Ferdinand Dümmlers Verlag, Berlin und Bonn.

An einzelnen Werken seien genannt:

»Menschliche Erblichkeitslehre und Rassenhygiene« von *Baur-Fischer-Lenz.* 3. Aufl., München, Lehmanns Verlag. 1. Band: »Menschliche Erblichkeitslehre«, 1927. 2. Band: »Menschliche Auslese und Rassenhygiene (Eugenik)«, 1931.

»Familienforschung, Vererbungs- und Rassenlehre« von *R. Sommer.* III. Aufl. 1922 (I. Aufl. 1907, II. Aufl. 1922), Berlin, Verlag ....

»Einführung in die allgemeine und spezielle Vererbungspathologie des Menschen« von *H. W. Siemens;* Berlin, Verlag Springer 1923.

»Einführung in die menschliche Erblichkeitslehre und Eugenik« von *K. Saller;* Berlin, Verlag Springer 1932.

»Vererbung und Erziehung« von *Günther Just*; Berlin, Verlag Springer 1930.

»Vererbung und Seelenleben« von *Hermann Hoffmann*; Berlin, Verlag Springer 1922.

Über die Frage der eugenischen Sterilisation orientiert u. a.: »Die Unfruchtbarmachung aus rassenhygienischen und sozialen Gründen« von *Kankeleit;* München, Verlag Lehmann 1929.

Anmerkung: Die Literatur über die psychiatrische Eheberatung ist S. 72 angeführt.

Vollständige Übersichten über die jeweils neuerschienene Literatur auf dem gesamten Gebiete der Vererbungslehre erscheinen periodisch in der »Zeitschrift für induktive Abstammungs- und Vererbungslehre«, Leipzig, Verlag Gebrüder Borntraeger.

Zusammenhängende kritische Besprechungen der jeweils neuerschienenen Vererbungsliteratur, soweit sie für den Psychiater von Interesse ist, erscheinen periodisch unter dem Titel: »Erblichkeit, Keimschädigung, Konstitution, Rasse«, in den »Fortschritten der Neurologie und Psychiatrie«, Leipzig, Verlag Georg Thieme.

Kritische Besprechungen der einzelnen Arbeiten des gleichen Gebietes erscheinen im Zentralblatt für die gesamte Neurologie und Psychiatrie, Berlin, Verlag Springer, unter der Rubrik: »Das Konstitutionsproblem, Erblichkeits- und Rassenforschung«.

Schließlich sei noch auf die Literatur aufmerksam gemacht, die in den Beiträgen von *Luxenburger* (Eugenik; Grundsätzliches) und *Lange* (Vererbung und Entartung) im Handwörterbuch der psychischen Hygiene und der psychiatrischen Fürsorge von *Bumke*, *Kolb*, *Roemer*, *Kahn* (Verlag Walter de Gruyter & Co., Berlin-Leipzig 1931) angeführt ist.

Anlage II.

Merkblatt des Deutschen Verbandes für psychische Hygiene zur Verhütung der erblichen Geistes- und Nervenkrankheiten.

1. Die ärztliche Erfahrung und die Erblichkeitsforschung haben gelehrt, daß die Nerven- und Geisteskrankheiten zu einem sehr großen Teil von den Eltern und anderen Vorfahren vererbt sind und daß sie auf die Nachkommen weitervererbt werden. Diese erblichen Störungen treten nicht notwendig in jeder Generation auf, sondern können eine oder mehrere Generationen überspringen.

2. Zu diesen erblichen Krankheiten gehören viele Fälle von angeborenem Schwachsinn verschiedenen Grades, von der angeborenen Beschränktheit bis zum angeborenen Blödsinn (Idiotie). Ferner gibt es zahlreiche erst im späteren Leben einsetzende erbliche Geisteskrankheiten, die dann das ganze Leben hindurch andauern wie das Jugendirresein (Schizophrenie) oder periodisch hervortreten wie gewisse Gemütskrankheiten (Manisch-depressives Irresein) und bestimmte Formen von Fallsucht (Epilepsie). Außerdem sind die ererbten Abwegigkeiten der Persönlichkeit (Psychopathien) zu erwähnen, die sehr häufig eine reibungslose Eingliederung in das Gesellschaftsleben verhindern.

3. Die Zunahme der erblichen Geistesstörungen ist von größter sozialer und volkswirtschaftlicher Bedeutung. Da diese Krankheiten das Leben nicht wesentlich verkürzen, werden die Heil- und Pflegeanstalten und auch die Nervenanstalten vorwiegend mit diesen Krankheitsfällen überfüllt und müssen auf Kosten der Allgemeinheit erweitert und durch neue Anstalten ergänzt werden. Aber auch die außerhalb der Anstalten lebenden Psychopathen schädigen sehr häufig die Allgemeinheit, indem sie die Ordnung und nicht selten auch die Sicherheit des öffentlichen Lebens stören und die Gerichte und Strafanstalten belasten.

4. Eine gründliche Abhilfe ist nur durch Beseitigung der Ursachen möglich. Da sie bei den erblichen Geistes- und Nervenkrankheiten in den überkommenen krankhaften Keimanlagen bestehen, muß die Fortpflanzung dieser krankhaften Anlagen vermieden werden. Alle Behandlung, Pflege, Betreuung, Ertüchtigung, Erziehung und Schulung der Träger solcher Anlagen

zur geistigen Erkrankung vermögen diese Anlagen nicht zu beseitigen und, sofern sich die Anlagen zur ausgesprochenen Krankheit entfalten, diese Entfaltung in der Regel nicht aufzuhalten.

5. Jeder Gesunde und aus gesunder Familie Stammende, der sich eine gesunde und tüchtige Familie wünscht, muß es vermeiden, einen Ehegatten zu wählen, der mit einem erblichen Leiden behaftet ist oder aus einer Familie stammt, in der erbliche Leiden häufig vorkommen. Am schlimmsten wären die Folgen bei der erblichen Belastung der beiden Eheschließenden. Auskunft darüber, welche Eheschließung zu widerraten oder in welcher Ehe Nachkommenschaft zu vermeiden ist, erteilen die ärztlichen Eheberatungsstellen. Wer sich seiner Verantwortung bewußt ist und schon vor der Verlobung und Eheschließung nach diesem Grundsatze handelt, wird am sichersten für die Gesundheit seiner Nachkommen und sein persönliches Glück, zugleich aber auch für die Zukunft seines Volkes und der ganzen Menschheit sorgen.

6. Zur Verhütung der Fortpflanzung erblich Belasteter haben manche Staaten das Eheverbot für erblich Kranke und erblich schwerer Belastete eingeführt. Noch wirksamer ist die künstliche Unfruchtbarmachung (Sterilisierung), die ein ungefährliches Verfahren darstellt. Ihre Einführung sollte in Deutschland, wie es in mehreren anderen Ländern bereits der Fall ist, durch eine gesetzliche Regelung, welche die Mitwirkung des Facharztes sicherstellt, ermöglicht und auf dem Wege der Freiwilligkeit angebahnt werden.

Anmerkung zu dem Merkblatt.

Der Preußische Landesgesundheitsrat hat neuestens beschlossen (vgl. Veröff. a. d. Geb. der Medizinalverwaltung XXXVIII. Bd. 5. Heft), dem Herrn Minister für Volkswohlfahrt auf Grund eingehender Verhandlungen neben den Leitsätzen zur Frage »Die Eugenik im Dienste der Volkswohlfahrt« den Entwurf eines Sterilisierungsgesetzes zu überreichen. Der entscheidende § 1 dieses Entwurfes, der im übrigen die notwendigen Sicherungen des Verfahrens enthält, lautet folgendermaßen:

Eine Person, die an erblicher Geisteskrankheit, erblicher Geistesschwäche, erblicher Epilepsie oder an einer sonstigen Erbkrankheit leidet oder Träger krankhafter Erbanlagen ist, kann operativ sterilisiert werden, wenn sie einwilligt und nach den Lehren der ärztlichen Wissenschaft bei ihrer Nachkommenschaft mit großer Wahrscheinlichkeit schwere körperliche oder geistige Erbschäden vorauszusehen sind. Der Einwilligung hat eine Aufklärung über die Folgen der Sterilisierung vorauszugehen.

Für die Sterilisierung einer Person, die einen gesetzlichen Vertreter hat, oder für die ein Pfleger bestellt ist, dem die Sorge für die Person zusteht, bedarf es auch deren Einwilligung.

Anlage III.

Die Entschließung der forensisch-psychiatrischen Vereinigung zu Dresden über die Frage der Unfruchtbarmachung[1]).

Die forensisch-psychiatrische Vereinigung zu Dresden hat im Februar 1932 dem Reichsinnenministerium und dem Reichsjustizministerium nach eingehender Beratung folgende Entschließung unterbreitet.

Die forensisch-psychiatrische Vereinigung zu Dresden hat sich in mehreren Sitzungen mit der Frage der Unfruchtbarmachung (Sterilisierung) aus eugenischen Gründen beschäftigt.

Durch diese Maßnahme wird lediglich die Zeugungs- oder Empfängnisfähigkeit aufgehoben, während nachteilige Wirkungen auf den körperlichen Zustand und das Befinden der betreffenden Personen nicht hervorgerufen werden, wie sie nach der Entfernung der Keimdrüsen durch Kastration beobachtet werden. Die Unfruchtbarmachung durch Sterilisierung ist geeignet, den so dringend nötigen Kampf gegen die Verbreitung krankhafter Erbanlagen in der Bevölkerung, namentlich der erblichen Veranlagung zu psychischen Anomalien wirksam zu unterstützen.

Diese Überzeugung gewinnt auch in der Bevölkerung immer mehr an Raum. Tatsächlich werden nicht nur in außerdeutschen Ländern, in denen die Frage bereits gesetzlich geregelt ist, sondern auch in Deutschland Sterilisierungen aus eugenischen Gründen in zunehmendem Maße verlangt und ausgeführt.

Nach dem geltenden deutschen Strafrecht kann dieser Eingriff aber nicht mit Bestimmtheit als gesetzlich erlaubt angesehen werden. Im Gegenteil betrachtet ihn die herrschende Meinung unter Führung des Reichsgerichtes als strafbar nach § 224f. RStGB. Gleichwohl wird er, wie erwähnt, mit zunehmender Häufigkeit ausgeführt, und sicherer Feststellung nach erteilen auch Behörden in Erkenntnis der Notwendigkeit der Maßnahme ihre Genehmigung zu deren Vornahme.

Bei dieser Sachlage wird schon seit längerer Zeit von maßgebenden Stellen die Forderung nach einer gesetzlichen Regelung der Angelegenheit auch in Deutschland erhoben. Dadurch sollen nicht nur Ärzte und Behörden, welche in bester Absicht den Eingriff vornehmen und zulassen, vor Strafe geschützt, sondern soll vor allem auch Mißbrauch und damit schwerer Schaden verhütet werden.

Die forensisch-psychiatrische Vereinigung zu Dresden schließt sich dieser Forderung an und empfiehlt dringend, nunmehr baldigst die eindeutige

---

[1]) Mitgeteilt von Herrn Obermedizinalrat Professor Dr. *Nitsche*-Sonnenstein.

gesetzliche Möglichkeit dafür zu schaffen, daß Personen sterilisiert werden, welche an erblicher Geisteskrankheit und Geistesschwäche, an schwerer Psychopathie, schwerer Trunksucht oder an anderen schweren Erbkrankheiten leiden oder gelitten haben, sofern nach dem Gutachten hierfür amtlich anerkannter Ärzte oder einer zu dieser Funktion einzusetzenden sachverständigen Körperschaft mit großer Wahrscheinlichkeit schwere Erbschädigungen der Nachkommen zu erwarten sind. Nach dem heutigen Stande der Dinge kommt der Eingriff nur mit Einwilligung der zu sterilisierenden Person oder bei deren Geschäftsunfähigkeit mit Zustimmung ihres gesetzlichen Vertreters und einer vom Gesetzgeber zu bezeichnenden Behörde in Frage.

Anlage IV.

Die Entschließung der Bezirkswohlfahrtsdeputation und des Verwaltungsausschusses des Bezirksjugendamtes Berlin-Friedrichshain über die Sterilisierung Asozialer[1]).

In einer gemeinsamen Sitzung der Bezirkswohlfahrtsdeputation und des Verwaltungsausschusses des Bezirksjugendamtes Berlin-Friedrichshain vom 4. März 1932 wurde nach einem Vortrag von Sanitätsrat Dr. *Juliusburger* und einem Korreferat von Magistratsrat Dr. *Adler* über die »Sterilisation von Asozialen« folgende Entschließung angenommen:

»Die Bezirkswohlfahrtsdeputation und der Verwaltungsauschuß des Jugendamtes Friedrichshain haben die Beobachtung gemacht, daß die Nachkommenschaft schwer erblich belasteter gemeinschädlicher Menschen durch ihre überkommene erhebliche Belastung für ihre Person selbst und für die Allgemeinheit schwerste Schäden verursacht. Die Fürsorge für diese Menschen und der Schutz vor ihnen erfordern einen Aufwand an Arbeit und Mitteln, welcher nutzlos ist und in seinem übergroßen Umfange nicht verantwortet werden kann.

Die Bezirkswohlfahrtsdeputation und der Verwaltungsausschuß des Jugendamtes Friedrichshain halten es nach einer Aussprache für ihre Pflicht, das Bezirksamt zu bitten, die zentralen Stellen um eingehende Prüfung der Möglichkeit der Sterilisation Asozialer zu ersuchen.«

---

[1]) Mitgeteilt von Sanitätsrat Dr. *Juliusburger*, Berlin.

Anlage V.

Entschließung des Geschäftsausschusses des Deutschen Ärztevereinsbundes über die Aufgaben der Eugenik.

Der Geschäftsausschuß des Deutschen Ärztevereinsbundes hat sich in seiner Sitzung am 25. September d. J. in Hannover mit den Fragen der Eugenik eingehend beschäftigt. Es berichtete Ministerialrat Dr. *Ostermann*-Berlin über die erbbiologischen Grundlagen der Eugenik; Dr. *Hartmann*-Leipzig über Wege und Ziele der positiven Eugenik; Professor Dr. *Eichelberg*-Hedenmünden über ausmerzende Maßnahmen der Eugenik mit besonderer Berücksichtigung der psychiatrischen Krankheitsbilder; und Dr. *Vollmann*-Berlin, über die ausmerzenden Maßnahmen der Eugenik und ihre rechtliche Beurteilung. Die Vorträge, die im deutschen Ärzteblatt von 1. 11. 1932 Nr. 31 abgedruckt sind, sollen eine vorläufige Einführung in den gesamten Fragenstoff geben, dessen öffentliche Behandlung dem nächsten Ärztetag vorbehalten bleibt. Nach längerer Aussprache wurde folgende Entschließung gefaßt:

Die Verbreitung und Vertiefung erbkundlicher Kenntnis und Lebensauffassung durch eine bessere Ausbildung der Ärzte in der Eugenik und durch die Aufklärung des ganzen Volkes ist angesichts des bedrohlichen Geburtenrückganges als unentbehrliche Vorbedingung zur Erhaltung des psychischen Erbgutes in unserem Volke mit allen Mitteln in die Wege zu leiten.

Als wichtigste Mittel zur Erzielung eines erbgesunden, ausreichenden Nachwuchses sind eine grundlegende, nach eugenischen Gesichtspunkten aufgebaute Steuerpolitik und eine großzügige bäuerliche Siedlung auf jede Weise zu fördern.

Eine entscheidende Änderung der wirtschaftlichen Stellung der Frau wird die Möglichkeit bieten, die deutsche Frau wieder ihrem eigentlichen Berufe zuzuführen: Ehefrau und Mutter erbtüchtiger Kinder zu sein.

Neben diesen positiven Maßnahmen ist es eine unabweisbare Notwendigkeit, die Vererbung krankhafter Anlagen zu verhindern. Das sicherste Mittel hierzu ist die Sterilisierung von Trägern schwerer körperlicher oder geistiger Erbleiden. Die Erfahrungstatsachen der Erblehre ermöglichen in bestimmten Fällen eine zuverlässige Erbprognose, so daß die Vorbeugung durch Sterilisierung eine festere Grundlage hat als früher.

Die folgenschwere Tragweite dieses Eingriffes aber, der die Sterilisierten für immer fortpflanzungsunfähig macht, erlaubt seine Anwendung nur unter gesicherten, sachlichen und rechtlichen Voraussetzungen. Eine baldige gesetzliche Regelung sollte folgende Grundsätze beachten:

Die Sterilisierung darf nur mit Einwilligung des Kranken und nur dann erfolgen, wenn eine autoritative, sachverständige staatliche Instanz in jedem einzelnen Falle über die Berechtigung und Zulässigkeit des Eingriffes entschieden hat. Bei Ehepartnern darf der Eingriff nur an dem kranken Partner vorgenommen werden.

Erfolgt eine gesetzliche Regelung nicht bald, so besteht auch die Gefahr, daß Verantwortungslosigkeit oder Gewinnsucht zur rechtswidrigen Erfüllung ungerechtfertigter Wünsche führt.

Es ist selbstverständlich, daß die Sterilisierung nur vom Arzt vorgenommen werden kann und darf. Es ist aber ein unerträglicher Rechtszustand, daß ihre Ausführung auch wenn sie mit Einwilligung der zu behandelnden Personen erfolgt, nach der heute geltenden Rechtsprechung als schwere vorsätzliche Körperverletzung mit Zuchthausstrafe bedroht wird, wenn der Eingriff nicht unzweifelhaft durch den Heilzweck begründet ist. Darum muß eine baldige gesetzliche Neuordnung bestimmen, daß eine Sterilisierung, die vom Arzte im Einklang mit den Erkenntnissen der Erblehre nach fachwissenschaftlicher Entscheidung ausgeführt wird, rechtlich zulässig und nicht Körperverletzung im Sinne des Strafgesetzes ist.

Die Sterilisierung aus lediglich wirtschaftlichen Gründen ist vom ärztlichen Standpunkt aus zu verwerfen, weil sie gesunde Menschen der Fortpflanzung beraubt und damit die Masse des wertvollen Erbgutes in unserem Volke vermindert.

Veröffentlichungen des Deutschen Verbandes für psychische Hygiene

Bericht über die Erste Deutsche Tagung für psychische Hygiene in Hamburg am 20. September 1928. Im Auftrag des Vorstandes des Deutschen Verbandes für psychische Hygiene herausgegeben von dem Geschäftsführer Dr. HANS ROEMER, Direktor der Heilanstalt Illenau bei Achern i. B. Oktav. 159 Seiten. 1929. RM 10.—

Die Deutschen Hilfsvereine für Geisteskranke, ihre Entstehung und ihr gegenwärtiger Stand. Im Auftrag des Verbandes Deutscher Hilfsvereine für Geisteskranke herausgegeben vom Vorstand, C. ACKERMANN, Dresden, M. FISCHER, Berlin, J. HERTING, Düsseldorf, H. ROEMER, Illenau. Oktav. 126 Seiten. Mit 12 Tafeln. 1930. RM 8.—

Handwörterbuch der psychischen Hygiene

und der psychiatrischen Fürsorge. Herausgegeben von O. BUMKE, München, G. KOLB, Erlangen, H. ROEMER, Illenau, E. KAHN, New-Haven. Lexikon-Oktav. VI, 400 Seiten. 1931. RM 23.—, geb. 25.—

Die mächtig Boden gewinnende psychische Hygiene erhält in diesem Handwörterbuch erstmalig ihren literarischen Mittelpunkt. Die bisher auf diesem Gebiete erschienenen Arbeiten sind an zahlreichen Stellen verstreut und zum Teil auch schwer zugänglich, während in anderen Kulturländern bereits ein zum Teil umfangreiches Schrifttum besteht. Aus diesen Gründen ist, zumal auch der heutige Stand dieses Gebietes ein sachlich gegliedertes umfassendes Handbuch noch nicht zuläßt, die stichwortmäßige Aufteilung und Bearbeitung des umfangreichen Materials die zweckmäßigste. Sie wird hier aus der Feder der Führer dieser Bewegung geboten.

Ein ausführlicher Prospekt steht auf Wunsch kostenlos zur Verfügung.

Verlag Walter de Gruyter & Co., Berlin W 10
Genthiner Str. 38

ZEITSCHRIFT
FÜR
PSYCHISCHE HYGIENE

OFFIZIELLES ORGAN DES DEUTSCHEN VERBANDES FÜR PSYCHISCHE HYGIENE UND DES VERBANDES DEUTSCHER HILFSVEREINE FÜR GEISTESKRANKE

HERAUSGEGEBEN VOM
VORSTAND DES DEUTSCHEN VERBANDES FÜR PSYCHISCHE HYGIENE

R. SOMMER-Gießen, **W. WEYGANDT**-Hamburg, **H. ROEMER**-Illenau, **H. SIMON**-Gütersloh, **NITSCHE**-Sonnenstein

U. MITWIRKUNG D. HERAUSGEBERS DER ALLG. ZEITSCHRIFT FÜR PSYCH. G. ILBERG-DRESDEN

Die „Zeitschrift für psychische Hygiene" ist das offizielle Organ des Deutschen Verbandes für psychische Hygiene und kann durch alle Buchhandlungen oder direkt vom Verlag bezogen werden. Preis für den Band im Umfange von 12 Druckbogen Rm. 6.—. Den Mitgliedern des Deutschen Verbandes für psychische Hygiene wird die Zeitschrift unentgeltlich durch den Verband geliefert. Die Mitglieder der angeschlossenen Korporationen (z. B. Hilfsvereine) erhalten sie zum Vorzugspreis von Rm. 3.—, wenn die Bestellung an den Geschäftsführer des Verbandes gerichtet wird. Zahlstelle ist das Postscheck-Konto der Geschäftsführung des Deutschen Verbandes für psychische Hygiene Karlsruhe Nr. 75540.

Jährlich erscheint ein Band, dessen Hefte alle 2 Monate zur Ausgabe gelangen.

Probeheft auf Wunsch kostenlos

Verlag Walter de Gruyter & Co., Berlin W 10
Genthiner Straße 38

FSC
www.fsc.org
MIX
Papier | Fördert
gute Waldnutzung
FSC® C083411

Zeitfracht Medien GmbH
Ferdinand-Jühlke-Straße 7
99095 Erfurt, Deutschland
produktsicherheit@kolibri360.de